陈大超 / 著

The secret garden of men and women

私密花园

大超说男人女人

中国城市出版社
·北京·

图书在版编目（CIP）数据

私密花园：大超说男人女人／陈大超著.—北京：中国城市出版社，2013.2
ISBN 978-7-5074-2740-0

Ⅰ.①私… Ⅱ.①陈… Ⅲ.①男性—心理学—通俗读物②女性心理学—通俗读物 Ⅳ.①B844-49

中国版本图书馆CIP数据核字（2013）第006138号

责 任 编 辑　孙湛波（010－63560884　jambor@126.com）
装 帧 设 计　小徐书装
责任技术编辑　张建军
出 版 发 行　中国城市出版社
地　　　址　北京市西城区广安门南街甲30号　（邮编　100053）
网　　　址　www.citypress.cn
发行部电话　（010）63454857　63289949
发行部传真　（010）63421417　63400635
总编室电话　（010）68171928
总编室信箱　citypress@sina.com
经　　　销　新华书店
印　　　刷　北京圣夫亚美印刷有限公司
字　　　数　217千字　　印张　15
开　　　本　710×1000（毫米）　1/16
版　　　次　2013年3月第1版
印　　　次　2013年3月第1次印刷
定　　　价　24.80元

私密花园

大超说男人女人

目录

Contents

男性花园

- 男人的“敌人” / 002
- 男人的同学 / 003
- 男人的亲戚 / 005
- 男人的窝囊 / 007
- 男人的疯狂 / 009
- 男人的宠物 / 010
- 男人的风度 / 012
- 男人的诨名 / 014
- 男人的肩膀 / 015
- 换一种眼光看“情敌” / 017

01

02

- 男人须以做大事正事为本 / 018
- 让女同学用假话恭维你 / 020
- 不适合遇见女同学的场合 / 021
- 让异性在你面前保持形象 / 023
- 世上没有丑男人 / 024
- 厨房里的模范男人 / 026
- 男人“最了不起的时候” / 028
- 不能做官的男人也要活 / 030
- 只享受“出格”前的美好 / 032
- 男人的证明 / 033
- 有女同学的城市 / 036
- “男性魅力换算表” / 038
- 男人的温柔很有杀伤力 / 040
- 男人都是“扭曲历史”的高手 / 041
- 爱“走直线”的男人 / 043
- 男人的“忍受力” / 045
- 不该忽略夫人 / 046
- 女孩的相亲标准 / 048
- 小心被人看上 / 050
- 暴力不性感 / 052
- 令人悲哀的“炫耀” / 054
- 一炫耀就出错 / 056

私密花园

—大超说男人女人—

Contents

目录

03

- 男人的正义与智慧 / 058
- 男人最怕别人说他无能 / 059
- 优质男的另一面 / 061
- 进错家门的后果 / 063
- 用心，但不要用心计 / 064
- 航天员不会哄老婆 / 066
- 学会“看重”女人 / 067
- 发脾气不如找“钥匙” / 069
- 不要侮辱别人的智商 / 071
- 妻子永远是“贵客” / 072
- 学会在家“寻”妻 / 074
- 小保姆的“测验” / 076
- 没有钱了就多笑笑 / 077
- 不要教孩子恨妈妈 / 079
- 必须面对现实 / 080
- 妻子眼里出孬种 / 082
- 风光过的男人最脆弱 / 084
- 让妻子大跌眼镜的爱情 / 086
- 爱不因出名而改变 / 087
- 杨澜也需要男人的包容 / 089
- 有些事不能告诉女儿 / 090
- 像骆家辉那样顾家 / 092

04

女性花园

- 女人的男同学 / 096
- 女人的头发 / 098
- 女人的春光 / 099
- 女人的宠物 / 101
- 女人的珠宝 / 102
- 女人的内涵 / 104
- “温柔”与“杀气” / 106
- 受法律保护的吻，很值钱 / 108
- 再美的女人，一生病就不美了 / 109
- 说话更要像新娘子 / 111
- 打造好你的声音魅力 / 113
- 女人的“狂放美”也是一种标志 / 114
- 女人的清纯像条河 / 116
- 美容师的皮肤 / 117
- 脸上的皱纹与心底的快乐 / 119
- 女人很容易受到刺激 / 121
- 救人有先后，爱不分深浅 / 123
- 好男人是夸出来的 / 124
- 不要被自己的优秀迷惑 / 127

- 玩笑与清白无关 / 129
- 尊重眼到为止的眼睛 / 130
- 平庸的男人也不保险 / 132
- 男人最爱懂他的女人 / 134
- 女人的眼光与婚姻 / 135
- 让男人把烦恼带回家 / 137
- 让自己的可爱成为“缓释胶囊” / 138
- 有时候不能逼着丈夫“说清楚” / 140
- 心疼与珍惜 / 141
- 自己心里有数就行了 / 143
- 不要做“细节”的俘虏 / 144
- 没找到“理想中的爱人”很正常 / 146
- 离“现代”很远，离幸福很近 / 147
- 再穷也不能丧失正义感 / 149
- 别做“趋光性”动物 / 150
- 让自己越来越可爱的“阴谋” / 152
- 不要用“最坏的人”安慰自己 / 154
- 珍惜婚姻的“原汁原味” / 156
- 夫妻生活中没有“女王” / 158
- 光有“女人味”是当不了总统的 / 159
- 像劳拉那样做女人 / 161
- 像李娜那样受欢迎 / 163

• “世界小姐”也要当妈妈 / 164

06

两性花园

• 9999朵玫瑰 / 168
• 没有绯闻很“不幸” / 170
• 听我说“露骨” / 172
• 别等婚姻倒了再来扶 / 174
• 富豪们的择偶条件 / 176
• 别怕有人对你动“歪心” / 177
• 千万别对“想”动手 / 179
• 珍视“动心”的幸福 / 181
• 现代人的“注意力” / 183
• 妻子的网聊很香艳 / 185
• “小娘变”之思 / 187
• 口袋也是档案袋 / 188
• 女儿发现了我的“隐私” / 190
• 只有“相知”最可靠 / 192
• 手铐铐不住“忠诚” / 193
• 妻子和男同事出差 / 195

• 爱是活下去的最重要的生存条件 / 197
• 真正有味道的其实是说话 / 198
• 怪异的婚外情经济 / 200
• 彼此珍惜的意义 / 202
• 活着也在于享受“隐私” / 203
• 游戏要有度 / 205
• 现代人的“暧昧” / 206
• 高尚的人也会有心灵阴影 / 208
• 有些照片需要偷偷地“干掉” / 210
• 只愿跟“激情”再婚 / 211
• 别让失败的初恋伤害自己的配偶 / 213
• 别指望被宠的人把你放在心上 / 215
• 珍视配偶的好名声 / 216
• 大灾大难才是大家的检验 / 218
• 人的可爱也值钱 / 220
• 有“缺口”的婚姻也得好好过 / 221
• 女人的“评委”是男人 / 222
• 爱的真味 / 224
• 最成功的爱 / 225
• 看透“人生的顺序” / 227
• 有人陪，就不惨 / 229

男性花园

男人的“敌人”

看完一部著名军事家的传记，我问妻子：你猜这本书中除了主角，出现最多的人是谁——是他的妻子，还是他的情人？是他的朋友，还是他的战友？是他的父母，还是他的兄弟？是他的敌人，还是他的仇人？妻子想了想说：“是他的妻子？”见我摇头，她又说：“是他的朋友？”我仍摇头。她又说：“那么，是他的战友？”见我总是笑，妻子只好承认猜不到，要我揭开谜底。

妻子猜的都是跟那个军事家非常亲近的人。按照这个思路猜下去，她永远猜不对。这说明妻子只对“丈夫”有研究，而对“男人”知之甚少。正确的答案是“敌人”。这才是情理之中的事。男人念念不忘的、耿耿于怀的，更多的是自己的敌人——政敌、情敌、仇敌。如果不是恨之入骨的敌人，那也是自己事业发展的竞争对手。

也只有敌人和对手，才能享受这个“待遇”。正是敌人和对手的出现，才凸显了男人的存在价值。所以说，男人有敌人和对手绝对是好事。

事实上，许许多多的男人的聪明才智，辉煌业绩，不朽英名，都是敌人和对手赋予的。只有在与敌人的斗争之中，在与对手的较量之中，男人才能特别地认真和执著，才能特别地英勇和顽强，才能特别地无私又无畏。也只有在这种状态下，男人才能超常规地成熟和完善起来，使自己的聪明才智得到淋漓尽致的运用和发挥，使自己的各种能力得到充分的发掘和施展。

男人也因此变得非凡而伟大。

当然，也有许许多多的男人，恰好是栽在、葬送在自己的敌人和对手手里。历史上这样的故事很多，现实中这样的故事也很多。正是这种故事的大量存在，才让男人们变得特别敏感和警惕。

是啊，为了避免栽在、葬送在自己的敌人和对手手里，男人才要把心思和精力大量地投放在敌人和对手身上，去研究他，揣摩他，迷惑他，干扰他，瓦解他，最后达到战胜他或超越他的目的。古今中外那些成就大事的男人都是这么干的。在竞争中展现自己，推动社会进步，这是男人的天性，也是男人的使命和义务。

这样一想，我便觉得做个男人真是很悲壮。要么因为成功和胜利，战胜敌人和对手；要么因为挫折和失败，成全敌人和对手。摆在男人面前的，往往只有这两种选择。

但男人必须寻找更好的选择，特别是面对和平年代中的竞争对手。共生共荣，在竞争中互相成全和成就，共同拥有人生的酸甜苦辣，共同建设美好的人类家园，彼此分享人类的文明成果，这才是男人的胸怀！

男人的同学

说来也怪，男人们的精神压力，往往来自于一个教室里走出来的同学。这里所说的同学，主要是男同学。呵，男同学更喜欢、更在意跟男同学比。

同学当了官，同学出了名，同学发了财，同学娶了一个漂亮的老婆，同学有了一个特别靓丽的情人，同学买了一套豪华的房子，同学开上了一辆特别有档次的小轿车，同学的孩子考上了名牌大学——这些都会给男人的精神上造成压力。

嗯，这是怎么搞的呢？难道我真的就不如他吗？他在学校读书时，并不比我强多少啊，在平时的嬉闹中他也没有占上风啊，他那个脑袋瓜子好像也并不比我灵光啊，他的社会关系好像……唉，他怎么七混八混就混得比我好了呢？我到底是哪方面比他差呢？他到底是哪方面比我强呢？——男人常常为这些事朝思暮想，坐立不安，甚至唉声叹气，闷闷不乐。

嗯，这是为什么呢？虽然早就各奔东西了，甚至也从不打交道，一晃很多年连个面也见不到了，但男人依然不由自主地在跟自己的同学较着劲，比着高低。不用说，男人们都想比自己的同学混得好。

那些在校时表现得很杰出很优秀但走上社会后处处不如人的男人，最爱自寻烦恼了。他们总认为自己的怀才不遇，是社会的不公正造成的，因此也就对社会充满了反感及抵触情绪，对人对事也就更容易横眉冷眼——特别是对那些昔日不如自己而现在胜过自己的同学，就更是没有好言语好脸色，结果反而越混越不如意，也更加孤独和寂寞。如此这般，他也就不能平静、客观地领略人生的风光，品尝生活的滋味，自然而然地，他也就白白地丧失了许多做人的乐趣。

哪怕是毕业后隔行如隔山，彼此也可以永远不往来，但有同学的男人，是注定要受到同学的干扰和影响的。是呀，别看男人的同学一毕业就作鸟兽散，有的甚至挥手一别就等于是生离死别，但奇怪的是，不论这些同学“隐藏”在什么地方，他们的信息总会通过形形色色的渠道传过来，并且一点一滴地灌到男人的耳朵里去。正是这些信息，才令男人或暗自得意，或坐立不安，或莫名喜悦，或莫名悲哀。

男人若是混好了，便希望同学们来赞美他、恭维他，抬举他为同学会中的头面人物；但真找上门来的，往往都是些既没有多少骨气又爱专门给他找麻烦的同学，他又一脸的倦怠乃至轻蔑，胡乱地应付搪塞人家。哪怕是怀着很纯洁的感情找上门来的，他也会误解人家，也会傲气冲天、盛气凌人地对待人家，搞得人家恨不得指着他的鼻子破口大骂，摔门而去。

男人只喜欢跟自己混得不相上下、可以互通有无的同学保持联系，不时地走动走动，亲热亲热。男人只有在这样的同学面前，才能表现出深厚的同学情谊。

不过对于女同学，男人是不会如此势利的。几乎对于所有的女同学，男人都在心里怀着一种温馨而又朦胧的情感，自己当了官，发了财，出了名，有了什么可以骄人的好消息，总希望能传到她们的耳朵里。男人特别怕自己混得不如人，被女同学瞧不起。

男人的同学，给了男人压力，也给了男人动力。

男人的亲戚

这里说的男人，是从农村“钻”进城里的男人——主要是读书读进城的大学毕业生。这种人最难的是找个城里姑娘做女朋友。好不容易谈到一个城里的姑娘，也是谈着谈着就谈崩了。崩的原因，十有八九，是那姑娘嫌小伙子的亲戚多。

开始谈着的时候，已经在这方面吃过亏的小伙子，是怎么也不肯透露自己到底有多少亲戚的，甚至连有多少兄弟姐妹也不说。一心想着等谈出了感情就好办了，没想到城里姑娘根本就不吃这一套，一旦让她知道了内情，她会立刻翻脸不认人，跟你一刀两断，不仅不听你的解释，反而说你是骗子，说你白白地玩弄了她的感情。现在这世道，玩弄身体已经没事了，玩弄感情仍然会让人愤怒。

从乡下来的男人，隐瞒自己的亲戚就是玩弄人家的感情。这样的男人应该明白，就算纸可以包住火，那些乡下的亲戚也是绝不可能被你的谎言包住的。要知道，那些亲戚们个个都巴不得有人混到城里来，这样他们进城办事就可以打尖住店，图个方便，所以他们不可能不找你。更重要的是，他跟你有感情，甚至你读书的时候他还帮过忙，你父亲还有可能找他借过钱（那账很可能至今还没还），所以他不可能不来看你，不来依靠你。问题是他们一来，就把你的秘密暴露了，就把你的谎言戳穿了。

就是结了婚的，等亲戚一走，夫妻之间也会立刻爆发战争。“我这里简直成了宾馆了，成了他们的办事处了！就是宾馆也不能随地吐痰，也不能小便不入池呀！高兴了满嘴粗话，不高兴了也是满嘴粗话，我这里简直成了你们农村的放牛场了！过年也来，过节也来，不过年不过节还是来，不是这个来就是那个来，而且一来就是好几个，一住就是好多天，你说这叫人怎么受得了？！——嫁给你这个人真是撞见鬼了！这日子真是没法过了！”妻子劈头盖脸就是一棒子。

开始你还为亲戚们辩护，说农民就是这个样子的，说生为农民他们本来就是很不幸的，很不公平的，因此任何人瞧不起他们都是没有道理的。接着你就跟她对着吼、对着干了。因为她根本就不听你的，甚至还说“我这里又不是民政局，又不是收容站！”气得你咬牙切齿，摩拳擦掌。这时你才意识到城里人和乡下人即便同床共枕了，在一个锅里吃过无数次饭了，他们之间也是有着难以逾越的鸿沟，甚至是有着万丈深渊的。

闹到最后，往往还是以你的妥协而告终。不仅因为你在城里势单力孤，而且也因为你本身也是个城里人了——有了跟城里男人一样尊重女性、对女人百依百顺的意识和脾性了。再有亲戚来的时候，你也对他们看不顺眼了，进门让他们脱鞋，说话让他们讲文明，吃饭让他们别乱吐，上厕所也一再嘱咐他们把马桶冲干净，直把亲戚弄得束手束脚，别别扭扭，坐也不是站也不是，说也不是笑也不是，结果是再也没有办法待下去了。

如此，亲戚们一年比一年来得少了，你也一年比一年过得顺了。亲戚们也只当没有你这个亲戚了，他们偶尔说起你的时候，也只是轻描淡写地说："某某真不是个好玩艺儿"。

男人的窝囊

对于男人的窝囊，男人和女人的理解往往很不一样。女人认为男人的窝囊主要是脏，不爱洗脚，不爱洗澡，不爱换衣服，身上的污垢多，臭味浓。"一天不换裤头她都要说我，说我窝囊——她的鼻子怎么这么尖！"那日朋友坐在酒桌上闲聊，我的一位作家朋友笑着说。

女人最受不了的就是男人的这种窝囊，为此一天到晚地唠叨，动不动就不让男人上床，常常弄得男人很烦，想发火，但为这点小事儿大动干戈，搞得家里像闹翻了天似的又划不来，于是只好苦笑，只好隐忍。

在这方面可夺世界"冠军"的，当数美国的一位男子，他竟然创下了四十年不洗澡的纪录。他的妻子既拿他没有办法，又实在"享受"不起他身上的那种臭味，万般无奈，只好跟他离婚了事。这位男子被记者一炒，也就名声远扬——他反而感到不窝囊了。有的人只要能出名，是什么丑都乐意出的。现在我们国家也有很多人是这样。

女人这样理解男人的窝囊，显然是不理解男人的表现。男人感到自己窝囊的，丝毫与不洗澡不换衣服沾不上边。对于男人来说，身上臭一点，衣服脏一点，头发亮不亮，皮鞋光不光，都无关大局，都是小事一桩，没有什么了不起的。男人真正感到窝囊的，是自己处处混得不如人。

我想很多男人都有这种体会：谈恋爱的时候，女人要的文凭、官衔、房子、小车，还有身高，你如果不能达标，你就只能被降级削价处理，尽管你骨子里是不一般的优秀。自己感到不一般的优秀，却不能用那些世俗的东西来证明，这种情况下，男人心里的那种窝囊啊，常常会让他难受得想找个地方好好痛哭一场，或者痛痛快快地怒吼一通。

参加工作之后，男人在单位里，无论怎么干都得不到领导的赏识，职务职务上不去，职称职称上不去，工资只能望着别人长，好处只能望着别人得，渐渐地就落到一个被忽视被轻视被蔑视的份上。在这种情况下，即便他天天洗澡换衣服，一天到晚头发一丝不乱，身上一尘不染，心里也是窝囊的。

生活中就有一些这样的男人，你看他走出来西装革履，好像活得挺风光，挺像回事，但他内心里，却是装满了一肚子窝囊的苦水。在男人看来，男人只要能活得出人头地、扬眉吐气，他就是可以不拘小节。反过来说，一个正在为出人头地、扬眉吐气而奋斗的男人，他是根本顾不上徒有其表的斯文体面的，也是不屑于在洗涮穿戴上浪费工夫的。

不过，男人既然跟女人生活在一起，多多少少也还是要听取一点儿女人的意见，在洗澡换衣方面还是自觉一点，不要让她只看到了你的脏就认为你很窝囊。

男人的疯狂

美国有个球迷，竟然带着自己才五个月的孩子去看球。随着球赛越来越激烈，他也越来越激动，越来越疯狂。一疯狂就坏事了——和其他球迷一样挥舞着手里的东西狂呼乱叫。结果，他和妻子的心肝宝贝，就这样不知不觉地被活活折磨死了。他的孩子肯定哭喊过，但在那种山呼海啸般的氛围里，他哪里还听得见孩子的声音？任何一个人，处在疯狂的环境里，都有可能做出危险的举动，酿成可怕的悲剧。

当地法院以“谋杀罪”对这个球迷进行起诉。噢，还有看球看到疯狂处，抡起酒瓶子把妻子活活砸死的。男人的疯狂，酿成的灾难实在太多了。完全可以说，男人的疯狂给无数人带来了厄运和痛苦，疯狂的男人比洪水猛兽还可怕，还可恶。

这个世界上有多少惨不忍睹、惨绝人寰的悲剧，都是失去了理智的疯狂男人干出来的。激烈的球赛，精彩的表演，容易让男人疯狂，让人打红眼的战争，就更是容易让男人疯狂了。说到战争，历史上的战争几乎都是男人发动的。当然，都是身居权力高位的男人发动的。权力最容易使男人的欲望鼓胀，也最容易让男人的头脑发热。头脑一发热，就听不进不同意见，就容不得他人超越自己——就要通过一决高低的方式一争高下。争高下往往就是争天下。男人，最容易为“天下”而疯狂。

当然，男人也有清醒的时候。男人清醒时说的话干的事，和男人疯狂时说的话干的事，简直就是天壤之别。也就是说，男人清醒时喊的和平口号、发的和平宣言、签的和平协议，是一点儿也靠不住的。疯狂就是丧失理智、远离智慧，完全把自己交给灵魂中的恶魔来指挥，如果他手中有权他还会把手下的人交给恶魔来指挥——他自己已经变成恶魔的化身！如果他恰好还是什么将军或者元首，那后果就更不堪设想了。所以，我是赞成女人当官的，当的官越大越好，而且还不要男人当什么顾问和助手。

事实上，绝大多数男人的疯狂，害的都是自己和家人。容易发疯发狂的男人，往往既是家庭的恩人，又是家庭的罪人。最有理智的男人才是最好的男人，这是我越来越坚定的看法。不是说男人不应该有血性和个性，而是说一个有血性和个性的男人，必须永远接受理性之光的照耀，在任何情况下都不因丧失理智而胡作非为。告别疯狂才能变得平和，走向和平，才能真正实现让世界充满情和爱的美好愿望。

男人们，像戒烟戒酒一样，来戒掉潜藏在灵魂中的疯狂吧！

男人的宠物

“这家伙，还不会喊爸爸，就一天到晚把手指头弯成手枪的样子，冲我‘叭、叭’地开枪，抱他到商店里去逛，一看柜台里面的玩具手枪就眼睛发亮。”朋友指着他才几个月的小家伙对我说。又说：“我才不给他买这些玩艺呢，我要叫他从小就远离枪炮——不然世界和平哪一天能实现呀！”“你小时候还不是这样啊，别的什么都不喜欢玩，就喜欢玩泥巴手枪。”朋友的母亲接过话头说。

我便笑起来了，笑得大家都望着我。我忍住笑说："我小时候也是这样，我小时候做的泥巴手枪至少可以武装一个手枪连。"大家又笑了，但我却笑不起来了。我真想说："这难道是男人的天性吗？男人几乎是一生下来就喜欢枪，喜欢刀，喜欢所有的兵器！"但我只想说："这或许就是男人的宠物。"

我敢说，百分之九十九的男人都是从小就喜欢"养"些刀枪在家里的。我的侄子，小时候虽然斯文秀气得像个小姑娘，可他"养"的各种型号的手枪、冲锋枪却有几十种之多，另外还有几把长剑、几辆坦克、装甲车。现在，凡是有小男孩的家里都有一个"武器库"。他们真幸运，再也用不着玩泥巴手枪了，而且现在的那些枪，做得简直就像真的一样！

上学之前喜欢"养"些玩具刀枪，上学之后就开始从理论上武装自己了。一天到晚抱着打仗的书看，一本又一本买回来一些有关兵器和军事方面的书刊。不信你去做个调查，那些《航空知识》、《舰船知识》、《兵器知识》、《军事天地》之类的刊物，绝对畅销！

再长大一点，就要报名参军了。一参军就盼望着发枪——那可是做梦也想弄到手的真家伙啊！在新兵连，发枪的日子绝对是新兵们最兴奋的一天！接着就盼望打靶，盼望真枪实弹地干。部队，显然是男人们"养"宠物"玩"宠物最理想的地方，而且"养"得好、"玩"得好的，还要立功受奖，提干当军官，就可以去"养"去"玩"更多更高级的宠物。

于是，商人们瞄准了男人的这个天性，大量开发凶杀暴力的枪战游戏。于是，男人们，不管是大人还是孩子，全都疯狂地沉浸在那些开枪开炮的电子游戏中——在家里玩，在网吧里玩，在火车上玩，在办公室里玩……现代男人和男孩的电脑与手机里，装的都是这种火光闪闪、枪炮轰鸣的宠物！

然而，这些宠物让男人有了更多的好斗习性，这对世界的和平可不是什么好事。

男人的风度

一个缺乏风度的男人来谈男人的风度，显然是一件惹人笑话的事情。但我却忍不住要谈。因为香港有位名叫玫瑰的女士，竟然在谈到男人的风度时感到非常失望，甚至还说她踏入社会十多年了，从来没遇到一个使她“心仪”（有风度）的男士，以至于她“想一尝暗恋的滋味也不能”。她还因此大叹“奈何”。

玫瑰女士生活在物质享受可称为“豪华型”的香港，居然说她很少遇到有风度的男人。这就说明，她所说的男人的风度，就绝不是体现在外在的穿戴打扮上，甚至也不是体现在长相的漂亮帅气上。因为单就这两方面来说，香港的男人绝不至于连一个值得她暗恋的也没有，玫瑰女士在一篇专谈男人的风度的文章中说：她之所以认为现在的男人绝大多数都没有风度，就是因为她遇到的绝大多数男人，要么太小气，要么太自私。她说：“有些男人特小气，若你不留神得罪了他，他就会记住，待有机会时便会报复——这种男人特讨人憎。”又说：“有些男人很自私，无论何时何地总是首先办妥自己的事，而不善于帮助别人。面对这种男人只有苦笑。”

尽管玫瑰女士在她的那篇发表在《香港商报》上的“妙文”中，用了一些避免绝对化的词，但在她的眼中，男人们几乎个个都是“特小气”和“很自私”的。不然，偌大一个香港，怎么连一个值得她暗恋的男人都没有！实际上，在玫瑰女士眼里，凡是小气和自私的男人，都是没有风度的，而不论他小气自私的程度如何。恰恰在这一点上，我是不能同意玫瑰女士的看法的——而且还要设法阻止这种“看法”进一步蔓延。

因为我无法容忍有人这样曲解我们男人——竟然说现有的绝大多数男人都没有风度！当然，仅仅说我一个人没有风度是可以的。

在商品经济高度发达，地区与地区、国家与国家之间的竞争愈演愈烈的现代社会，所谓男人的风度，首先是指在激烈的竞争中所表现出来的努力进取、顽强拼搏的精神风貌和雄性神韵。而一个处在具体竞争环境中的人——这里说的当然是男人，是不可能做到纯粹而透明的，让任何人都觉得他是无私的，不设防的，见人就帮的，毫无攻击性的。在激烈竞争的现代社会，一个完全透明、完全无私的男人，除了去当和尚外，恐怕只能一天天失去自己的生存条件及立足之地。生存第一，风度第二（也许还排不到“第二”），男人们显然是懂得这个道理的。

男人不是傻瓜。男人不可能让女人牵着鼻子走。什么时代该有什么样的风度，男人心里有数。那种古代文人骚客式的风度，隐士壮士式的风度，那种战乱年代指点江山、气贯长虹式的风度，生死与共、肝胆相照式的风度，现代女人确实很难欣赏和享受到了。也就是说，抽象地谈男人的风度是没有意义的，离开了具体的时代环境，硬是要求男人具备某种风度，也是没有道理的。

所以说，要历史地看待男人，要用发展的眼光去认识男人。现代男人自有现代男人的风度。

男人的诨名

男人的诨名，大多都是亲朋好友的爱称——尽管有些诨名叫起来很难听。真正怀有敌意的人，一般是不会当面叫你诨名的。所以不论是什么人，不论这些人叫我什么诨名，我都是乐意的。

从小到大，我的诨名可谓千姿百态。最初是“病秧子”，接着是“电线杆子”，读高中的时候，同学们喊我“野马”，下放后，知青伙伴又喊我“长白猪”，谈恋爱又谈来个“陈大傻”，后来女同事们又赏给我一个“茗大超”的美称。

把男人的诨名集中起来研究研究，是很有意思的。

有的诨名反映了男人的健康状况，如“瘦壳子”、“药罐子”啦；有的诨名描绘了男人的生理特点，如“胖头”、“眯眼”、“塌鼻子”啦；有的诨名凸显了男人的性格特征，如“机关枪”、“闷葫芦”啦；有的诨名则概括了男人的为人特性，如“笑面虎”、“假正经”、“管得宽”啦；或者干脆就借用影视人物的名字来称呼，如“刁德一”、“胡汉三”、“横路敬二”啦；还有的诨名则反映了男人的家庭和社会地位，如“气管炎”（妻管严）、“惹不起”、“垫脚石”啦。当然，男人的诨名远不止这些种类。

一个男人不同时期的诨名，大致反映了他的身心素质以及为人处世的状况。俗话说，当局者迷，旁观者清。这些来自亲朋好友和身边人的“爱称”，一般是错不到哪里去的，是值得深思品味的，并要把它当作一个非常重要的信息来处理。

别人喊我“病秧子”的时候，我就要注意自己的身体了；别人喊我“野马”的时候，我就要注意收敛点了；别人喊我“苕大超”的时候，我则要继续保持和发扬。跟朋友和妻子打交道，都不能太精明。在这两种人面前，一精明就会犯错误。

有时候一个男人同时会有好几个诨名。有人喊你“马大哈”，有人喊你“铁算盘”，有人喊你“弥勒佛”，有人喊你“死心眼”。这时候你要若无其事，拿出点男子汉的魄力来，该“马大哈”的时候就要“马大哈”，该“死心眼”的时候就要“死心眼”。

男人的诨名，有时候真比他的真名还重要。

男人的肩膀

男人的肩膀，或许是专为女人而长的。可以说，离开了男人的肩膀，没有哪个女人可以活得很滋润。在日本，一时半刻找不到如意郎君的女子，会花钱买一个男人的肩膀回来——哦，是那种做得像男人的肩膀的枕头。

那样的枕头，做得再逼真，也没有真的肩膀靠着舒服。所以在我们国家，就有一个没有男朋友的女孩子，宁愿花钱去租，也要去亲近一下男人真实的肩膀。“如果你五官端正，身高175cm以上，肩膀靠着舒服，愿意出租，50元/小时，和我联系。非诚勿扰！”这就是那个女孩子发在网上的帖子。

这个帖子的题目是：租个肩膀让我哭。

为什么想“租个肩膀让我哭”呢？记者采访后是这样说的：“23岁的她，年龄大了，工作压力、感情挫折、家庭问题等众多事情让她心里特烦，时常有哭的冲动，但一个人哭太造孽了。朋友安慰又哭不成。”“她特别强调，她想租的，是男人的肩膀。”经她这一说，我才明白，男人的肩膀对于女人来说，最好的用处或许是可以靠在上面哭。

同时我也明白了，我的一位朋友，怎么会有那么多的艳遇。他总是有耐心听女同胞倾诉心声。那些女同胞，常常是一边倾诉着，一边眼泪就出来了。而他一见别人流眼泪，就会像个兄长似的把自己的肩膀提供出来，让别人把头靠在他的肩膀上大放悲声。自然，他是从来不找别人收租金的，他收获的，是令许多人羡慕的男女间的私密情感。

男人的肩膀，或许比男人的那一张脸更能俘获芳心。脸上的表情再到位，如果舍不得把肩膀贡献出来，女人的芳心也不会轻易落在你身上。也许在女人看来，男人的肩膀既是爱的象征，也是责任的象征；既可以让自己托付终身，也可以帮自己渡过难关。

事实上，绝大多数男人也是这样看待自己的肩膀的，在他们的意识里，他们的肩膀虽然长在自己的身上，但却不是专为自己服务的——专为自己服务的男人，别人就会认为他没有担当，没有担待。这样的男人，他的肩膀，是可以被别人视为不存在的。所以，聪明的政客，在竞选时总是强调自己如何有“担当”。有个政客甚至直接喊出这样的口号：我的肩膀是最值得信任的！

不过，尽管男人的肩膀意义非同寻常，价值无比巨大，但男人却不能真的去干“出租肩膀”这种事。古人云：“铁肩担道义”。男人的肩膀，如果真的被谁用来出租赚钱，那就很不“道义”了。这个“道义”里，不仅有女人的托付，亲朋好友的利益，而且还有国家的托付，整个人类的利益。这样的肩膀，既是沉重的，也是神圣的。凡是神圣的东西，我们在用到它、支配它的时候，都得好好地揣度揣度，认真地掂量掂量。

天底下有一半是男人。这一半的男人要用自己的肩膀扛起全人类的幸福。这样说并不意味着女人不重要，不宝贵，只不过那是另一种重要，另一种宝贵。

换一种眼光看“情敌”

说到情敌，就有人咬牙切齿——好可恨啊！恨到要决斗的地步。然而现代社会，是不兴什么决斗的。不兴决斗当然是一种进步。进步的一个重要表现是，这样做有利于保护情敌。

我想，古今中外，情敌的非凡魅力，都不是来自于或仅仅来自于天下无双的枪法和剑法——恰恰相反，许多真正了不起的情敌恰恰在玩枪舞剑上是门外汉。他们甚至根本不屑于在这方面用心思、下工夫。所以，让人用打枪和击剑的方式跟情敌决斗，这实在是很不公平的。不公平的较量，当然应该取消。

我想这句话大致不会错到哪里去——在这个世界上，越是优秀杰出的人，越是容易成为别人的情敌。不然那些美丽可爱的女人，不大可能冒着不堪入耳的辱骂和不可预料的危险，风情万种地投入他们的怀抱中。要说这些美丽可爱的女人，她们中的绝大多数，都算得上是极有眼光异常聪明的。

一个呆头呆脑、傻里傻气的女人，她的背叛和离去，恐怕是不会有人咬牙切齿地要去找情敌决斗的，他顶多只会去登个寻人启事，以便向亲朋好友们有个交代。

就我的想法，许多成为情敌的男人，他们都有着一些共同的特征：个性鲜明，志向远大，从不停止学习和追求，言谈举止超凡脱俗，事业上卓有建树，为人亦可亲可爱。毫无疑问，这样的人很容易拥有夺人心魄、令人向往的魅力。

我相信，如果将历史上、现实中的情敌都集中起来，其中一定有许许多多杰出的科学家、艺术家、音乐家、文学家——包括政治家。用取消决斗的方法来保护这样的情敌，显然是完全有必要的。让那些不学无术却喜欢舞枪弄棒的家伙，去和这些“家”们决斗，实在是一件不利于社会进步的事。

如果哪一天我有了这样的情敌，我相信我很快就能平静下来。平静之后，我还要给自己提一个“向情敌学习”的口号。事实上，许许多多的情敌身上都有许多好的东西值得我们学习。要知道，一个只会埋怨女人朝秦暮楚、水性杨花、品性不好的男人，十有八九会越活越糟糕。

男人须以做大事正事为本

“哈，今天的报纸居然用了一整版来介绍李敖和他的女人们，有的虽然只是有过那么一段朦胧的情缘，也把人家的照片登出来，这个李敖，能活到这个份上，也值了啊！”一个朋友在电话里说。他还说：“并不是随便哪个男人都有这种资格的。”

在这个已经很开放的世界上，一个男人与若干个女人有那么一些瓜葛，有那么一些花花肠子，并不算什么稀罕事，但是像李敖这样，报纸以整版的篇幅来报道他的这种事，既不怕惹得他不舒服，也不怕惹得他的夫人不舒服，同时也不怕惹得那些被牵涉的女人们以及她们的男人们不舒服，就多少有点叫人觉得稀罕了。

在这之前，好像只有克林顿享受过这种“殊荣”。有一段时间，世界各地的报纸，都以刊登“克林顿与他的女人们”为乐，世界各地的读者，也以谈论他的风流韵事为乐。唉，人呀，就喜欢谈男人跟女人的那点儿事。特别是喜欢谈名人的那些事——好像名气越大，谈起来越兴奋，越过瘾。

哦，本以为这样的报道，会让克林顿从此跌入人生的霉运之中，没想到，克林顿照样在全世界风光，也仍然有着非凡的号召力；他的妻子希拉里，也仍然“紧密团结”在他的周围，在他做心脏搭桥手术的时候，她仍然是百般呵护，精心照料；那些与克林顿有过一腿两腿的女人们呢，则个个都成了或大或小的名人。

没做过一天总统的李敖，就凭借一支笔一张嘴，就能跟克林顿一样露这种脸，可见他是多么有霸气。是呀，做男人能做到李敖这个份儿上，也可以说非常不简单了。想想看，这事儿如果换在别人身上，那麻烦可就大了呢。比如换在我身上——比如有哪家报纸，也来弄个《陈大超和他的女人们》，嘿嘿，如果我不找那个记者拼命，那我的妻子一定要找我拼命了。就是那些写在文章里的女人们不找我拼命，她们的男人也会找我拼命的。我哪里还敢手捧鲜花，从容自在地出现在大庭广众之下？

其实大家都明白，李敖与克林顿的真正不简单，却并不在他们的风流与花心上。李敖若不是写了那么多有影响的书，为追求自己的理想坐了那么多年的牢，克林顿若不是当了州长当总统，还创造了有口皆碑的政绩，他们的那点风流事花心事，也是经不起一说、不值得一说的。

可见，作为一个男人，真正的霸气，还是要表现在做正事、做大事上。你把大事做得越大，越能成为其他人眼中的成功人物。

让女同学用假话恭维你

W是我新认识的一个画家朋友。他说他一直默默地画了很多年，日子一直过得很苦。由于单位不好，身上又没有个一官半职，同学们大多都把他忘记了，“但是现在不一样了，现在好多同学都主动跟我联系起来了，特别是一些女同学，她们跟我说的那些假话，还真是让人越听越想听。”他笑着跟我说。

我立刻笑着问他：“你的女同学，跟你说的都是一些什么样的假话？”

他笑着说：“有一个女同学，居然说我小时候就长得挺英俊的，说我现在又有了画家的气质，看着就更让人舒服了。其实呢，我小时候长得是很不耐看的。另有一个女同学，说我读小学的时候就迷上画画了，说她那时候就知道我今后一定会成为一个画家的。其实呢，我那时候只是美术作业完成得像回事罢了，真正迷上画画是在高中毕业之后。还有一个女同学，说她这么多年听不到我的消息，她就知道我一定躲在哪里在干一番大事业。”

说得我也笑起来。W的画在省里举办了展览，市里的报纸用两个整版来介绍他的人和他的画。他有一幅画，被一个人花了五万元买去收藏。他现在随便拿出一幅画，就能卖几千元。我笑着说：“她们是以说假话的方式，来对你现在取得的成就进行肯定和赞美啊。”

他也笑着说：“我懂，我觉得这些女同学用这样一种方式来肯定我、赞美我，还真是挺有意思的。”说到这里，他不由得发出这样的感叹：“唉，为了能够让她们对我说出这样的假话，我这二十多年来吃了多少苦啊！”

我立刻说：“你的那些苦吃得值啊！正是你吃的那些苦，让你的下半生会越过越好啊！”接着我又笑着说：“在你默默奋斗的那些年，你想到过你的这些女同学，有一天会用这样的假话来恭维你、赞美你吗？”

他立刻摇头说：“没有，我从没有这样想过。当然，我想过一旦我成功了，她们定会对我刮目相看的。只是无论如何我也没有想到，她们会以这种说假话的方式让我开心。”又说：“我现在明白了，其实要让女同学用这种方式让你开心，让你得到被她们看重的满足感，你只要选定一个目标，苦苦奋斗十年二十年就行了。”

我想，一个人如果想让女同学用“假话”来恭维自己，秘密就在于选定一个目标，默默地奋斗十年二十年，甚至三十年！

不适合遇见女同学的场合

一个小伙子去医院做割包皮手术，哦，这本来就是一件挺让人难为情的事情，让他万万没想到的是，那个来为他做手术的医生出现了，不仅是个女的，还是他高中时的女同学！“那一刻，我真是难堪死了啊！”

我在网上看到这个帖子时，确实笑死了。是呀，人在这种场合下，怎么能意外地遇到自己的女同学呢？遇到老虎也比遇到女同学强啊。其实，作为一个男人，岂止是这个地方，还有很多的场合都是不适合遇见自己的女同学的。

我的一个男同学下岗之后，亲戚好不容易帮他找到一份工作，可就因为那个工作是在一家银行门口当保安，他就一口给回绝了。亲戚不解地问："以你现在的情况，当个保安，轻轻松松就能拿到一千二三百元，这不是很好吗？"但他宁愿继续在家闲着，也不去当那个"守门的"。原来，他是怕他当保安时被自己的女同学碰到了，那些能够经常出入银行的女同学，大多都是混得很不错的。"读书时我好歹也是当过组长的啊，要是让她们知道我现在混得这么惨，那我这脸还往哪里搁？"他说。

是呀，所有能够让女同学意识到自己混得惨的场合，都是不能让女同学遇见的，包括公共汽车站。

有一次从老家回来，我到公共汽车站去搭车，遇见一位多年不见的女同学。"陈大超，你怎么也到这里来搭车啊？我还以为你早就买小轿车了呢。"听她这么一说，我好像猛地喝了一大碗酒似的，脸上立刻变得通红通红的。是啊，我这个昔日的班长，怎么混得现在还没买车呢——我到这里来搭车，这不等于告诉人家我混得很不景气嘛。

怎么跟她说好呢？我总不能说是因为我不需要车才不买车的吧。我只好笑着说："我哪里买得起车，我还指望着你买车了顺道送我呢。"

这以后再到车站搭车的时候，我竟莫名其妙地有了一种悲壮感。

有一次回老家，跟一个男同学在街上走，说到一个混得很好的女同学，他说着说着就来气了："那次就是在这个地方碰见她的，她明明看见我了，却把头一扭，装做没看见，就那样目中无人地走过去了！"说着还猛地跺一跺脚下的马路，好像是连这条马路也一起伤害了他。不用说，他以后每次走到这里，都会有一种莫名其妙的不舒服。

或许对于混得惨的男人来讲，只要是有女同学出没的地方，都是自己应该努力回避的地方，包括大街上。哦，我这才意识到，那些混得不好的男人们，为什么那么不喜欢逛大街，而喜欢当宅男。

是人，都会有某种很特别的心理情感。男人的这种很特别的心理情感，说起来虽然有些可笑，可它的存在却会不由得让人暗自感叹和心酸。男人的女同学，怎么就具有这样一种莫名其妙的力量呢？

让异性在你面前保持形象

记者采访一位女歌星，问她在北京的女子高中读书有什么感受，她说：“所有女生都很疯狂，没有男生，不用顾及形象。”记者追问道：“老师中总有男的吧？”女歌星调皮地笑一笑，只说了两个字：“老头。”说得记者一惊，心想：她们竟然不把“老头”当“男的”看啊。

从这位女歌星的话里，我们可以知道，异性是把你当作一个男人看，还是把你当作一个老头看，这里是有一个标志的：在你面前顾及自己的形象，就是把你当男人看；在你面前不用顾及形象了，就是不再拿你当男人看了。

那么一个男性，判断自己是“老头”，还是“男人”，他只要注意观察一下他周围的女性是否顾及自己的形象就行了。

一个男性不再被异性当作男人看了，这可不是一件好事情。这是不是意味着，来自异性的情爱、欣赏、青睐，都与你没有关系了？是不是意味着作为一个男人你已经退出了争夺异性神往、喝彩、倾慕、爱恋、痴迷的历史舞台了？我相信任何一个男人，都是顶顶害怕这个的，也是最最忌讳这个的。

但是，异性是否把一个男性当作“老头”看，却不只是看一个男性的年龄。我的一位作家朋友，已经是六十四岁的人了，但是他在很多场合，一说出自己的年龄就要把人吓一跳，“不会吧，你才四十六吧？”人家都要这样说。四十六，呵，那可是正值壮年的男人呢！

事实上，人家也正是把他当作正当年的男人看的。他的妻子因病去世后，追求他的人中，就有三十来岁的大姑娘呢。他原来住在小县城时，坚持了几十年的清晨长跑习惯；前些年他住到了武汉的女儿家，则是连下雪都要坚持到长江里游两个小时的泳。坚持冬泳的那几十个人，前不久在江滩上举办晚会，他抢着当主持人，说的第一句话居然是："我的名字叫我爱你！"一下子就逗得别人哈哈大笑起来。大家都说他太有激情了，而他说："男人没有激情，那还叫男人吗？"

是的，男人只要有激情，就是活到七八十岁，别人也不会把他当老头看的。你看人家李敖，已是七十几岁的人了，还是那么富有激情和情调。这样的人，你要是喊他"李老头"，那只能令人感到幽默、有趣，而不会被当真的。身为男人，绝对不能年纪稍稍大一点，就认为自己已经到了可以当老头的岁数，就放弃追求和向往，就不注意保养和建设自己的"男人心态"，就一天天活得蔫头耷脑的了。

可见，身为男性，能够一直活得让异性在你面前顾及形象，并不是一件小事情，它往往从一个很重要的侧面说明：任何时候你都是一个胸怀理想、勇于进取的人，是一个在任何情况下都能活得很乐观、很健康、很有智慧、很有激情的大男人。

世上没有丑男人

"现在如此时兴人造美女，弄得我这个丑男人，也想花点钱把自己去造一造了。”酒桌上，我的一个朋友笑着说。这时就见我的另一个朋友的妻子，摇了摇头说：“你敢说自己长得丑，就说明你不丑啊。”说得我们立刻都睁大眼睛望着她。

她笑一笑说：“在我看来，在这个世界上，是不存在丑男人的。譬如你敢当众说自己丑，就说明你其实是很自信的。一个男人，只要能让女人看到他的自信，不管他长得如何，一下子就能给人一种美的感觉；我的一个男同事，长得瘦瘦小小的，可以说其貌不扬，但是他的乒乓球打得特别好。他只要一打乒乓球，那种全神贯注、矫健洒脱、敏捷灵动的神态，就立刻把人抓得紧紧的，就能给人一种很美很美的感觉；而我的另一个男同事，他长得五大三粗的，脸上也是疙疙瘩瘩的，但这人外表上看着粗，内心里却很细，而且也特别善良。大家一起做事，很多细枝末节、微不足道的事，都是他在那里想，他在那里做。这样的事做多了，大家就很感动，反而都看着他很舒服了。如果他提出去做美容，我想大家会不同意的，因为他那个样子就代表他是那种人，给人一种很特殊的美感，非常难得，根本就不需要美容。”

大家也早已被她说得频频点头了，并且抢着说：“是呀，是呀，有些电影里的男主人公，他开始出现的时候，你会觉得他长得太平常了，但是等你把电影看完了，你会觉得他光彩照人、魅力无穷了。”“是呀，是呀，反过来说，有些男人乍看起来，他是那么高大帅气，仪表堂堂，但是交往的时间一长，你就会觉得他怎么看怎么不顺眼了。我们单位就有这么一个男人，我们单位的女孩子没有一个对他有好感的。”“是呀，是呀，男人不是靠脸说话的，男人也不是靠脸吸引人的，男人只要有理想、有追求、有激情、有善心、有灵魂，就总会有女人看上他、迷上他的。”

这时候，那个说世上没有丑男人的朋友的妻子又说话了：“所以，男人没必要花钱跑到美容院里去，让医生在自己的脸上身上动刀子。因为男人的美，都是从心里从骨子里往外透露出来的，男人只要心里美，骨子里美，就可以了。真的，这个世界上，没有丑男人，只有坏男人。”一番话说得我们都鼓起掌来。

厨房里的模范男人

有位婚礼策划师，主持过若干场的婚礼。每一次，他都会当场向新人提出一些问题，让他们回答，以此活跃气氛。

“结婚以后你们谁做饭？”他总是这样问新人。

有一天，当他向一对新人提出这个问题之后，新郎抢着回答：“我做，我不会让妻子做饭。因为厨房的油烟对妻子是一种伤害，长期下去妻子会老得很快，皮肤会变差。在我们这个家里，永远都是我做，妻子只负责吃，然后洗碗收拾就可以了。对于我来说，看着妻子吃自己做的饭，虽然辛苦，却是一种享受。”

他的这番话，赢得一阵雷鸣般的掌声。

这位婚礼策划师在他的博客里说：“这是我听到的最好的答案。”

问题是，最好的答案能否变成最终的行动？

假若这个小伙子真的将最好的答案变成了最终的行动，但他却不能在事业上给妻子带来足可以让她感到骄傲的成就，她也可能会说：“你这一生，就只会干些婆婆妈妈的事儿！”

有言道：女人通过征服男人来征服世界，男人通过征服世界来征服女人。也就是说，女人眼里的好男人——可以让她心悦诚服的好男人，一定是在外面闹出响声来的。而且这响声，一定要传达到她的耳朵里，让她感到欣喜，让她觉得她看中的这个男人就是与众不同，身手不凡，值得她爱，值得她付出。

据我观察，在外面混得不如人、弄不出一点动静来的男人，他就是一日三餐把饭做好了端到妻子手里，妻子也是不会高看他一眼的，甚至也不会给他好脸色。

当然，男人心疼妻子，在妻子忙的时候，有特殊情况的时候，袖子一挽，围裙一系，到厨房里动作麻利地弄一餐可口的饭菜，妻子还是挺高兴的，甚至会以此为荣，当着亲朋好友的面夸奖他。

但这一定要有一个前提：他在外面的那个世界里拥有一席之地，能给整个家庭带来荣耀与光彩。

所以，如果我是那个新郎，我不会把话说得那么死，一定会留有余地。无论如何，我不会说“在我们这个家里，永远都是我做，妻子只负责吃”这样的话。

我发现有相当多的男人，为了图一时之快，求一时之欢，得一时之名，就爱把话往最感人的地方说——实际上是往最绝对、最不给自己留后路的地方说。其结果，往往是一旦到了别人要你兑现、你却无法兑现的时候，别人就会用你说过的话来打你的嘴巴，把你骂得狗血淋头，贬得一钱不值。

我想做男人，一定要管好自己的嘴巴——说话一定要高瞻远瞩，一定要理性周密，不可随便说些哗众取宠、暗存漏洞、不留后路的话。

除了做演讲家，男人最好还是用行动去打动人心、征服世界。

男人“最了不起的时候”

在娱乐圈已经打拼了十八九个年头的杜汶泽，其人生经历十分坎坷。他在接受专访时透露，自己首次登上娱乐头条，就是因为“被债主讨债”。他说他少时家中贫困，自己更是一个坏学生，十八九岁还被朋友带坏迷上赌博，曾经欠下百万赌债，最后不得不跑去中国台湾躲债。没想到一不小心去电视台面试，拍摄了他人生中的第一部电视剧《94爱情故事》，并因此慢慢还清赌债，回到香港。

而杜汶泽人生的第二个起伏则与《无间道》有关，当时他在戏中扮演曾志伟的小弟，一炮走红，“片酬直线飙升十倍，片约一个接一个，当时真的有一种飘飘然的感觉。”杜汶泽承认，自己当时被冲昏了头脑，花钱如流水，说话也不经大脑：“有人说《无间道》后是我最好的时光，但我觉得是人生中最差的时刻。”也正是因为这段荒唐的经历，杜汶泽又一次背上巨债，债额超过七位数，“挨到最近一两年才还清，现在无债一身轻。回望过去的日子，我觉得在我身边最大的受害人是太太田蕊妮。我最了不起的时候，只顾玩，她没法分享我的快乐；我低潮的时候，却要她与我一起挨。”

这个杜汶泽还算是个有良心的人——就凭他说出了在他“最了不起的时候他太太没法跟他分享快乐”这句大实话。

是的，男人只要到了他“最了不起的时候”，他就很容易陷入一种头脑发昏、不知自己姓甚名谁甚至不知天高地厚的飘飘然状态。男人一旦陷入这种状态，他在家里是待不住的。因为家里没有人会对他的狂妄和发飙高声叫好，更没有人会对他的胡思乱想、胡言乱语推波助澜——把他往云霄里送。相反，家里人说不定还会给他泼冷水，给他敲警钟，甚至会故意拿他的缺点、拿他的失败、拿他的挫折、拿他曾经出过的种种丑来刺激他、提醒他。这里说的“家里人”，往往就是他的太太。男人发飙发狂，太太怎么能跟着没头脑？太太的冷静、太太的智慧，往往就是要在这个时候体现出来的。

问题是，这个时候的男人最想躲的恐怕就是自己的太太。无数的男人，在他“最了不起的时候”，他做的很多事，说的很多话，都是最怕让太太知道的。结果就是，男人愈风光，愈了不起，就离自己的太太愈远。不仅身体离得远，灵魂离得远，而且感情上也会离得越来越远。这时候的太太，或许人面前仍然会做出夫贵妻荣、甜蜜幸福的样子，但她的内心世界里，很可能早已是乱得似有百爪在抓，同时还会有一种让她找人说觉得不妥、不找人说自己憋闷难受的多种意味的惶恐不安。

呵，杜汶泽只说到“无法分享”这一层。事实上，情况远比这严重。完全可以说，男人愈是在他“最了不起的时候”，他的太太就愈是容易受到精神上的煎熬和情感上的折磨。我相信，无数女人积在心里的那种最难向人倾吐的苦水，都是在这个时候攒下的。唉，这个时候的女人，哪里还谈得上“分享”啊。

尽管如此，男人的太太却不希望她的那个“不知道好歹”的男人，真的从那种飘飘然的状态里跌落下来。人从那种状态里跌下来，一定会跌得非常惨、非常痛啊。她怕他受不了。她一点儿也不怕自己受不了，自己再受不了，也得跟他一起受。所以，当她的那个男人真的跌落下来了，她就会像慈母似的把他揽在怀里，百般地心疼、安慰、宠爱。呵，也只有到了这个时候，男人才会在家里待得住，才乐意跟太太离得很近很近。

男人最终还是要回到太太那里享受人世间的真感情、真爱情。

不能做官的男人也要活

某地一个男人，毕业十多年了也没混到一个官做，他的妻子就总是拿他跟他那些做了官的同学比，比得他实在无法忍受了，他便给妻子发了一个请求谅解和宽容的短信，然后上吊自杀——幸亏被他儿子发现，被抢救过来了。我跟妻子说了这个故事，妻子立刻说："这个男人应该向你学习。"见我一时没有反应过来，她又说："他应该像你一样，一有机会就说当官的坏话，让当官的思想在家里完全没有市场。"说得我一下子笑了起来。我说："是呀，那个男人是应该向我学习呀。"

明明知道如果按照官场上的那些潜规则来衡量，我根本没有能力去做官，但我偏偏不这样说，我反而要说当官是非常容易的。当了官，你随便怎么说，别人都得俯首帖耳，你随便怎么做，都有人歌功颂德。而且，官当得越大，越可以把别人的聪明才智拿来为我所用，越可以把别人的成绩成就算在自己的名下。我的意思是，只要我想当官什么官我都当得了，只是本人对当官根本没兴趣，根本不屑与那些当官的为伍。我甚至常常在妻子面前口吐狂言："就是谁白给我一个市长的位子我也不当！"

当然，光这样说是远远不够的，我得说出足够多的我不屑于当官的理由，而且要针对让妻子害怕的心理说。如当了官就身不由己了，你就是不想贪也得贪了——别人都贪你敢不贪？你越是想清正廉洁，别人越是要泼你一身污水，把你弄得人不人鬼不鬼，你最好的选择就是跟着人家一起贪，十有八九有一天会东窗事发，贪的结果就是害得妻子孩子跟自己一起站在被告席上出丑。这样的事报纸上不是一再报道过吗？如今那些当官的，很多人都做着对不起妻子的事情，在那里比赛包二奶养情人的，有的一包就是十多个，一养就是几十个。这样的事，不是一而再再而三地被媒体揭露出来吗？我说那些当官的实在是太缺德了，太不把他的夫人当回事了！

我这样说得多了，无形中就改变了妻子对于当官的看法，同时也改变了妻子看待当官的眼光。她不再只是看到当官的前呼后拥、夫贵妻荣，而且也能看到当官的龌龊与卑鄙了。一个人，只要具备了不迷信官场的眼光，当官的龌龊与卑鄙那是太容易看到了。常常的，我们就在家里热闹非凡地说着各自的见闻——有关官场的龌龊与卑鄙的见闻。家里一旦形成了这样的氛围，她自然不在乎我当不当官了，她也不会拿我跟那些当官的比了。不，她有时候反而拿我在做人上的正直与正派跟那些当官的比，认为我在做人上比那些当官的强多了。

所以我在我们家庭里的生存环境，一直就很不错。我根本用不着请求妻子的谅解与宽容。跟那个上吊自杀的男人比起来，我觉得我真是“太有才”了。在我们这个到处充斥着官本位思想的国家里，不能做官的男人到底应该怎么活？我相信我是做了一个榜样的，至少我的方法值得借鉴。不过，我也要“特别感谢”那些很容易就弄得丑闻不断、丑态百出、身败名裂、身陷囹圄甚至被依法处决的官员们，正是他们前赴后继地为我提供着可以让我拿来做妻子工作的典型教材，我在我们家庭中的生存环境才会一直这么好。

当然，我还是希望有一个真正管用的机制，让当官的没办法高人一等，没办法享受那种让无数人羡慕的有权就有一切的特权生活。真有了那种机制，那种一直盘踞在千千万万人头脑中的官本位思想就会逐步淡化，那些当妻子的也就不会老是逼迫自己的丈夫去弄个官做。那些无法做官的男人，他们在家里家外的生存环境自然就会好起来。唉，我也不会再把那么多的心思，用在这么一个很可笑也很可怜的地方。

只享受“出格”前的美好

我有一个长得很帅的朋友，走到哪里都很招女同事喜欢。他不仅帅，而且说话还幽默风趣，又特别爱帮助人。正是他的爱帮助人，才特别容易让接受他帮助的女同事产生误解，对他想入非非，并且还向他表白出来。“她如果不表白，我们彼此欣赏着，关心着，相互帮助着，这样在一起共事，其实是非常温馨、非常美好的啊。”他笑着说。

“那她表白了又怎么样呢？”我笑着问他。

“她表白了，就会对我失望，就会因为失望而疏远我，我们之间的那种朦胧而温暖的情感基本上就会消失。我是有妻子有孩子的人，她们有的也是有丈夫有孩子的人，所以我不能去做那种出格的事，一做，就很容易把事情弄得一团糟，甚至会把自己弄得焦头烂额，一败涂地。”他笑一笑，又说：“我只乐意享受‘出格’前的那种美妙与美好。当然，我帮助人肯定是真诚的，我对女同事细心周到也不是为了故意去创造那种“出格”前的美好与美妙，但是我走了那么多的地方后发现，在一起工作的男女同事，只要彼此相处得很和谐很惬意，那种超出正常范围内的情感，是很容易产生出来的，如果产生了就把它装在心里，这样的话那种和谐与惬意就不会被破坏，彼此之间的情感也不会往变异与危险的方向发展。”

他还说他有时也会产生那种出格的想法，但他知道，一旦让那种想法变成现实，现实中就会有陷阱在那里等着你了。“唉，那种事，在想象里做一做，不是一样吗？我觉得，让某些念头与想法在想象里常常绽放一下就行了。你不是写过一篇‘没吃到嘴的东西更养人’的文章吗？我是赞成你的观点的。”

他如此一说，我就笑了。我说：“你是对的，理智的。”他说的这种男女同事间的“出格”前的美好与美妙，很多人都享受过。哦，我也享受过。那种美妙与美好，在一起共事的同事间存在着，没有什么不好。那种彼此间的欣赏、关心、互助，那种会心的一笑，那种韵味十足的调侃，那种总能及时到位的安慰与鼓励，最能让人的精神安恬和放松，最能让人的心情走出低沉与压抑，最能让人的心灵得到怡养和滋润。工作在这样一个环境里确实是美好的。

一个人如果在这样一种环境中工作，就应该好好怀着珍惜与呵护的心态对待这种环境。怎么珍惜与呵护呢？我想，一种最基本的做法，就是不要去做“出格”的事，就是这种想法产生了也要让它变成心中的一抹流云，让它被一阵风吹散，而不要将这种出格的想法变成向对方提出的一种要求——让那一抹云，越来越浓，越来越厚，最后变成豆大的雨点砸向对方的心田。

愿更多的人，都能够像我的那位朋友一样理智、清醒，牢牢地把自己控制在只享受“出格”前的那种美妙与美好的状态。

男人的证明

我有一个姓叶的朋友，曾经是个文学青年，他在乡村读中学时，就曾把他写的一些诗稿寄给我欣赏。“农村的小路，总是被一双双脚板走得发白”，他的这两句诗，到现在我还记得。后来他当了兵，偶尔也会给我写封信来，说到他在部队的进步：入党了，当班长了，当排长了，只是顾不上写诗了。他在信中说，他要证明他不比别人差，他得把更多的时间与精力用在军事训练上，他也因此不得不牺牲掉自己的文学爱好。

有一天，我正上着班，楼下的一个同事领着一个穿着雨衣的人到我跟前，“这就是你要找的人。”同事对那人说。那人掀开雨衣，露出鲜红的帽徽、领章，咔嚓一个立正，向我敬了一个滴着雨水的军礼。原来，他就是回家探亲特来看我的那个姓叶的朋友。

这以后他每次探亲，都要专程来看我。谈话中，我发现他是一个非常正直的人。他在营长的位置上干了几年，转业回到他所在的那个县，被分配在检察院工作。他只有级别，没有职务。“可能是他们认为我业务上还不行，还不能在工作上独当一面吧。”他笑着说。于是他拼命地学业务。可是等他工作上可以独当一面了，上面还是不给他职务。他于是明白了：“都怪我从不上领导家的门，连过年也不到领导家里去表示一下，但我这个人，偏偏不喜欢那样做。”

又说：“单位里的职务，都成了领导手里的私有财产了，很多人也是这么认为的。他们想要职务，就去想方设法满足领导的私人要求，个人欲望，但我偏偏不跟他们来这一套。我始终觉得，做人正不正，才是最重要的。他们就是永远不给我职务，我也不会向他们低头。”

但是身上没有职务，他的亲朋好友就会认为他没有能力。为了证明自己有能力——比那些有职务的人有能力，他决定通过考试把律师资格证拿到手。“他们听我说了这个打算，都觉得可笑，说我都这个年龄了，原来也从没有学过那些课程，这种情况下，要想在那种很多人想都不敢想的激烈竞争中把这个本本拿到手，是根本不可能的，但我就是拿给他们看。”他笑了笑又说，“我家里人也不同意我再吃这个苦，说像我这样每天晚上都熬到深夜，会把身体熬垮的，如果把身体熬垮了，那就太不划算了。”

他每次都是到孝感来考试，每次都会到我这里来坐一会。他的身体也真的垮了不少。有天晚上他正在灯下熬着，突然流起鼻血来。什么也没碰着，怎么会流起鼻血来呢？他到医院一检查，原来是血压已经窜到了让医生吃惊的地步。

第一次考试，分数差得让他直摇头。第二次，仍然差很多。“跟我一起考的人，很多都放弃了，但无论如何，我不会放弃的。不然，我真的就被他们笑话了，而且也会让很多人真的以为我是个没有能力的人。”“我想做人，不应该向那些邪恶丑恶的东西屈服，我宁愿自己苦一点，甚至宁愿把自己的身体熬垮，也要用更有说服力的方式来证明自己。”他这样跟我说。他一连考了六次，终于把那个小本本拿到手了。

最近有事，我到了他所在的那个县，特意到他家里去看他。我一向就特别尊重这样的人。他给我泡过茶，就把他那个小本本拿给我看。我问：“拿到这个本本之后，你的职务问题解决了吗？”他苦笑着说：“没有。我也知道，那些当领导的，并不看重这个。但我手里有了这个本本，就不怕别人小看我了，工作中我也不再因为自己没有职务就不敢跟人争论问题。”他还说：“有了这个小本本，就是一辈子没有职务，我也是可以挺起胸膛做人的了。”

跟他道别的时候，我从他的手里感受到一种很特别的力量，甚至可以说是一种很伟大的力量。我想，男人的崇高，男人的伟大，就来自于这样的一种证明。或者说，很多崇高、伟大的男人，就是从这种证明里走出来的。

有女同学的城市

很多年来，我一直默默地关注着一个城市——襄樊（哦，它现在改名“襄阳”了）。在电视的天气预报节目里，它天晴了，天阴了，下雨了，下雪了，起风了，起雾了，我的心里都会动一动。不为别的，只因那里有我的女同学。有女同学整齐的刘海，光溜的小辫，亮亮的眸子，洁白的牙齿，红红的脸蛋。哦，那都是几十年前的样子了，几十年后的她们，会是什么样呢?

小时候我在南漳读小学，读到十三四岁的时候，就转学走了。没想到这一走，再想见一见昔日的老同学就难了。见男同学难，见女同学更难，越难越想见。越是见不着，越是爱回想、爱回味。回想小小的人儿，在那里拿腔拿调地演《红灯记》，演《白毛女》，演《智取威虎山》。回想小小的人儿，一起做作业，一起玩游戏——玩高兴了，你追我，我追你，疯作一团。玩恼了，又你抓我头发，我吐你口水，打作一团。回想桃花开过几回，秋叶落过几回，小小的人儿再在路上碰着了，就扭过了头去，不再说话，还要暗自在脸上红上那么一片儿……

很早就知道，我有好多女同学高中毕业后到了襄樊。哦，襄樊，从那一刻起，这两个字就在我的心窝里长出了绒毛，变得柔柔的，暖暖的，软软的。这以后不论是在报纸上还是在广告上，只要看见襄樊两个字，我的心里立刻就有一种又柔又暖又软的感觉。偶尔有几次坐火车从襄樊经过，车离襄樊还有老远老远，我的眼睛就一动不动地望着窗户外面了。一条一条的街道晃过，我会想：说不定我的哪个女同学就走在这条街上呢；一幢一幢的楼房晃过，我会想：说不定我的哪个女同学就住在这幢楼房里呢。

说来也怪，眼睛里明明看见的是一座城市的模样儿，但涌上脑海的，却依然是那整齐的刘海，光溜的小辫，亮亮的眸子，洁白的牙齿，红红的脸蛋。我就更是在心里想：如今的她们，到底会变成什么模样了呢？我也更是想着什么时候有机会，一定要在襄樊待上几天；待上几天，好去看看我的女同学。可是这样的机会别说没有，就是有，已经远隔着数十年的天各一方，远隔着数十年的岁月沧桑，人家见了我，会不会在一阵惊奇和意外的错乱之后，略略定一定神，重新打量我一眼，然后对我欣然一笑，大大方方地对我表示欢迎呢？

老实说，我一点把握也没有。但这一点也不妨碍襄樊那两个字或者说那个城市，继续在我的心窝里很柔很柔，很暖很暖，很软很软。而且随着时光的流淌，随着那些植根于我的记忆源头的无比童真、清纯的情感的芳草，更多地在我的脑海里滋生出来，在我的心灵里蔓延开来，所有的刮在那个城市的风，下在那个城市的雨，飘在那个城市的雪，都会更深、更细、更敏感、更持久地触动我，常常让我陷在一种莫名的惆怅里，发出一种说不清道不明的叹息。

唉，为什么会是这样呢？为什么一个城市，仅仅因为有了自己的女同学，在男人的心目中就会变得那么美那么迷人，就会变得那么容易打动人的情怀、撩起人的情思、扰乱人的心绪——甚至落在那个城市的一片雪也能让人魂牵梦绕，从那个城市传来的一阵风也能让人沉入无限的遐想？哦，这些问题，我想过很多次都没想出答案，但是有一点我似乎想明白了：有的城市，之所以会让某些男人觉得它美，会对某些男人产生经久不衰的魅力，仅仅因为在这个城市中有着那些男人的女同学。

“男性魅力换算表”

如果按照贴在某网站的“男性魅力换算表”来换算，我肯定是一个没有魅力的男人。我的很多朋友也不是，因为他们跟我一样，不抽烟，不喝烟，还不喜欢玩扑克，打麻将。

那个换算表设定一个男人的底分是1000分，其余的分在这个基础上加或减。加分的项目有身高一米八零以上、会打篮球、会游泳、会英文、会唱歌、会养宠物、会斗地主（打扑克）、会打麻将、会开车、很会喝酒等；减分的项目有身高一米七零以下、眼睛近视三百度以上、唱歌五音不全、不会骑自行车、不会喝酒、喜欢吃大蒜、谈恋爱被甩（甩别人则可以加分）等。分数高的自然有魅力，分数低的自然没有魅力。不少“网民”给自己算的分都很低，并因此伤心得在网上发出“555555……”的声音。我只将那个表扫了一眼，就知道我的“男性魅力”在这个表上肯定是处处碰壁的。

其实，这个换算表是把男人的“魅力”定位在有钱人身上的。有钱但不一定要有文化（据报道，我们国家的大学毕业生百分之八十都是严重近视的）。至于会英文，那是有钱人随时准备着要到国外隐居起来——这些年，不是已有成千上万的有钱人跑到国外“隐居”起来了吗？不过，报纸上说他们是贪官，贪官也是有钱人啦。这些人在国外隐居干什么呢？不就是打打麻将、斗斗地主、喝喝酒、唱唱歌、养养宠物吗？当然，许多没有跑出去的有钱人，也是在这样散发着自己的“魅力”的。

在很多情况下，并不是男人有了钱就有魅力了，而是他们有了钱就自以为有魅力了。自以为有魅力的男人往往都有一种错觉：遇见了女人，他以为那女人一定会投怀送抱；遇见了男人，他以为人家一定会主动闪开让道——不让道他就受不了，就要要要有钱人的脾气。一位朋友就告诉我这样一件事：他的一个有钱的同学，就因为走路时别人没给他让道，他就气得突然失去了理智，竟然像一个暴君似的冲上去就打，结果把自己打进拘留所，关了好多天。很多有钱人确实“魅力”无穷，但极其缺乏应有的理性，同时还缺乏对这个世界应有的责任。

说到有钱人，让我佩服的还是比尔·盖茨。也许他不会斗地主，不会打麻将，也可能唱起歌来五音不全——按这个表换算起来，他很有可能也是一个没有魅力的男人。但是在我的心目中，他却是一个非常了不起的人物，甚至可以说是一个非常伟大的人物！不为别的，就为他决定把自己的钱绝大部分都捐给慈善事业（四百多亿美元，他只留几百万美元给子女）。至于魅力，那些善于喝酒、善于养宠物、善于玩麻将的有钱人，谁有勇气站出来，说他比比尔·盖茨还有魅力？

我一向认为，现代人应该具有的理性、责任感以及正义情怀，是支撑现代男性魅力的最重要的几根“骨头”。抽开了这几根“骨头”来谈男性魅力，你只对他撇嘴一笑就行了。

男人的温柔很有杀伤力

离了婚的女人，吃够了不温柔男人的苦头，也就下定决心：要么就一个人过一辈子，要么就找一个能对自己温柔体贴的男人。还好，功夫不负有心人，这样的男人还真出现了。十多个离了婚的有钱女人，竟然都非常幸运地找到了一个温柔男人。不，是这个温柔男人主动找上门的。

找上门来的是一个骗子。十多个渴望温柔的女人竟然被他一个人骗了，骗钱又骗色。报纸上说他一共骗了几十万人民币和几十万港币。这个骗子骗人的拿手好戏就是假装温柔。“说话柔声细气的，文质彬彬。”“她要穿衣服，他就把衣服撑开，让她只伸手就行了；她要乘车，他就会为她马上打开车门。”“李伟对人的温文儒雅、细腻周到一下就把李小姐震住了。”自然也“震住了”林小姐、王小姐、张小姐……只是当骗局被揭穿时，她们一个个又是难堪，又是愤怒，又是伤心，又是哀叹。

这件事说明，男人的温柔对当今的女人具有多么大的诱惑力和杀伤力。温柔的男人，又是多么稀罕和宝贵，以至于温柔的男人一出现，就能把女人给“震住了”。其实，女人们应该知道，现在表现在某些男人身上的温柔，并不是他们发自内心的奉献，是他们多年修养的结果。他们身上的温柔，说得刻薄点，其实是女人打了胜仗获得的战利品。就我所见，许多男人的温柔，是女人当了官、发了财、得了势的结果，他们在家里洗衣做饭，给女人捶背捏肩，举止表情都做出体贴温柔的样子，但他们骨子里却总有一种给女人当了俘虏的感觉，心里觉得窝囊。

所以，每每见了如此“温柔”的男人，我都无法觉得他可敬可佩，更不要说见贤思齐向他学习了。相反，我还忍不住有一种可怜他的感觉。呵，我倒认为，他要是偶尔发点脾气，露出点自己的真思想、真本性，那他才算个男人。男人做人，要首先做个真男人。

但我还是认为男人应该向温柔的方向转变，这个世界上应该涌现出更多的温柔男人。但这温柔，一定要是被文明之风吹拂得更透彻、更灵醒的结果，一定要是男人们更懂得了爱、更学会了爱的结果。也只有这样的温柔，才是真正美好的、宝贵的，才不会以牺牲了男人的尊严和阳刚为代价。

温柔应该是男女双方走向平等、分享平等的花朵，是温柔对温柔的回报和辉映。任何单方面的温柔，都不是真正值得歌颂和赞美的。

男人都是“扭曲历史”的高手

十多年前，因与美国前总统克林顿有私情的白宫见习生莱温斯基，几乎一夜之间就成了国际名人。成了国际名人就有人关注，有关她的新闻就一直不断。最近又看到她还想与克林顿“再续前缘”的消息。

消息说，莱温斯基的一位友人对美国小报《国民问询报》称：“莱温斯基仍未忘记克林顿，若有可能，她会马上跟克林顿重修旧好。她告诉我，‘在我生命中不会再有另一个男人像他一样令我开心’。”该友人指莱温斯基在性丑闻后谈过几次恋爱，但她“从未能够将克林顿从心里赶走”。当然莱温斯基对克林顿也有不满。

克林顿为了保住自己的总统职位，保住自己的家，在他与莱温斯基偷情的事情暴露之后，他竟然公开否认与那女人发生过性行为，之后在不可抵赖的证据面前，才坦承两人有“不正当关系”，并向全国公众道歉。莱温斯基对克林顿的这个说法感到不屑，她斥责克林顿在自传中“扭曲历史”，指克林顿说整件事都是由她主动引发的，“好像我安排好一切让他享受。我就像自助餐，他只是无法抗拒吃份甜品”。她指出，“整件事一开始就是双方情愿”。

我也相信，他们从一开始就是“双方情愿”，而不是像克林顿所说——他一直处在被动的地位。但我也相信，在帅气又潇洒的总统面前，莱温斯基也会尽可能把自己表现得更可爱。她或许不知道，在总统面前尽量把自己表现得不可爱，那会影响甚至威胁到自己的前程。再说了，女孩子在成功、杰出人士面前，把自己表现得尽可能可爱一些，那几乎是出于一种天性。也就是说，莱温斯基在克林顿面前表现得很可爱，这是一件再正常不过的事情。

错的是克林顿在莱温斯基的可爱面前动了心——不，动心没有错，他不该动的是身体。其实，他动了身体，只有他的妻子希拉里认为是大错特错，其他人都不会认真追究。弄得克林顿险些为此下台的，只是他明明动了身体却不承认，等于是在全国的公众面前公然说谎（公然欺骗全国公众）。莱温斯基对他不满，是因为他这样“扭曲历史”，不仅把责任全都推到她身上，而且她那么欣赏和深爱的一个男人，竟然没有勇气承认自己的爱！当然，是对她莱温斯基的爱！

女人最恼火的，就是男人在这方面“扭曲历史”。可是作为男人，只要想保住他的家，还有他的职位，他就必须在这方面“扭曲历史”，就必须给配偶给公众一个可以接受的说法。不，主要是给配偶一个可以接受的说法。配偶接受了，其他人也就不会太计较了。

那么，既然事件已经发生，配偶最能接受的说法是什么呢？是自己的男人对待另外一个女人只是逢场作戏，是禁不住诱惑——他动的只是身子，而不是感情，更不是他那一颗只能为她所动的心。聪明的克林顿，对此当然心知肚明，他只能把话说到让希拉里满意而让莱温斯基不满意的份上。

可以说，百分之九十九的男人，都是这种“扭曲历史”的高手。所以身为女人，在跟某个有家的男人动感情之前，一定要做好他“扭曲历史”的心理准备。俗话说，有备无患，只要自己做好了心理准备，哪怕到时候他真的是一个“扭曲历史”的高手，自己也只需淡淡一笑，而不会伤得那么惨，那么重。

哦，我跟自己的女儿怎么说呢？我说：“你这一生，千万不要去招惹那些有家的男人！”

爱“走直线”的男人

一位评委问门多萨：“你认为谁过得更好？男人还是女人？”门多萨巧妙作答：“男人认为达到目的的最快方式是走直线，而女人知道求助于曲线或许更快。”门多萨是2008年在“环球小姐”夺得桂冠的委内瑞拉美女。她在决赛中的这个即兴回答，被评委们认为“尤其出色”。

门多萨说得没错，虽然男人大多都深爱着女人的曲线美，但男人一旦要达到某种目的，还是会不由自主地选择“走直线”的方式，还是想以“走直线”的方式取胜。男人知道，善于“求助于曲线”的女人，实际上也是喜欢男人以“走直线”的方式来“征服”自己的，所以男人在女人面前，最喜欢展示的还是自己的“直”的形象。

男人信奉的就是刚直、正直、直来直去、勇往直前，男人最看不起的就是卑躬屈膝、曲意逢迎、委曲求全。男人的价值取向，或许是可以用一个“直”字来概括的。男人“走直线”的目的，不是想称王称霸，就是想当英雄豪杰。这样的目的，当然是很难实现的了。哪怕只是在一个小地方成为英雄豪杰，也要过五关斩六将，最后恐怕也只能是被别人斩落马下，“帮助”别人功成名就，自己捂着伤口默默走开。

作为男人的我，也是个信奉“走直线”的家伙，曾经也是豪情万丈，目空一切，在追求梦想的道路上勇往直前。结果是屡战屡败，屡败屡战，败到最后，不得不将指挥千军万马的梦想彻底丢开。回归家庭，一边舔着浑身的伤痕，一边过着卖文为生的惨淡日子。哪怕是混到这个地步了，仍然是喜欢直来直去，绝不会为了多赚稿费而说一句曲意逢迎的话。记得某地一个编辑，寄了两本他的大作给我，我读过之后在写给他的信中对其大作的评价是有一说一，有二说二，那种廉价的溢美之词一句也没有。本以为他会对我这种真诚待人的直爽劲大加赞赏，没想到，从此之后，我的文章再也不能在他那里发表了。类似的“错误”，我是一犯再犯。

我的体会是，爱“走直线”的男人，特别是那种硬着头皮在“直线”的道路上一走到底的男人，走到最后大多都会走得很悲壮，很惨烈，很狼狈，很难堪，很伤感，很痛苦。但尽管如此，天底下一代又一代男人——那些一代又一代真正的男人，还是会选择“走直线”的方式去达到目的。不为别的，就因为生为男人，这样去生活，去奋斗，本身就是一种光荣。

男人的“忍受力”

上海市有个29岁的已婚且已有了孩子的男子，因为实在忍受不了妻子的唠叨，便一心想躲进监狱里去，在谎称自己盗窃要求入狱服刑未果后，他竟手持一把仿真手枪连续抢劫三次，结果一审获刑4年。忍受不了妻子的唠叨，却可以忍受无数人一天也不想待的牢狱生活，这个男人，可真是有点奇怪呵。他也因此成了“新闻人物”——成了一个丢脸的新闻人物！

为什么是丢脸的呢？因为老天爷让他投胎为一个男人，他竟然拥有了如此错误的忍受力！在我看来，男人的忍受力，肯定是有正确与错误之分的。一个有着正确的忍受力的男人，他就是宁愿死，也不会逃避自己为人子、为人夫、为人父的责任。那个没有条件创造条件也要去坐牢的家伙，他那样躲到牢里去，岂不是在逃避为人子、为人夫、为人父的责任吗？

他的妻子为什么要唠叨他呢？因为她看着周围的姐妹们都打扮得漂漂亮亮的，自己的丈夫却没有能力让她穿得好一点。这样的唠叨，有什么难以忍受的呢？让自己的妻子穿得好一点，是男人们应尽的义务嘛。至少是男人们应兑现的诺言。因为没有哪一个男人会在追求自己的另一半时说：“咱们结婚以后，我一定要让你穿得坏一点。”

要知道，男人们在结婚前献给女人的承诺，不是让人暗自欢喜的，就是让人翘首以盼的。“呵呵，一旦结婚，咱就是世界上最幸运最幸福的人了！”有多少女人结婚前都做着这样的美梦。女人在希望落空的情况下，对不能兑现诺言的男人说说怪话，发发牢骚，那实在是一件再正常不过的事情啊。不正常的，是男人明明不能兑现自己的诺言，还在那里指望着女人一天到晚地对他笑眉笑眼，感恩戴德。

也就是说，身为男人，在不能如期兑现自己诺言的情况下，他就得有一种好好善待妻子唠叨的忍受力。事实上，千千万万个男人，都是拥有这种正确的忍受力的。正因为千千万万个男人都具有这种正确的忍受力，千千万万个家庭才一直是那么安如泰山地稳固。千千万万个男人和女人，才能在这种稳固的基础上享受着苦涩里的幸福，别扭里的温馨。

男人让自己拥有这样一种忍受力，显然是一种正确的选择。想想看，如果男人们都有着那位上海男人的忍受力，那还了得？这个世界上的所有监狱岂不都要被挤爆了？

可以说，男人的前途如何，命运怎样，都与他所拥有的忍受力有关。他如果拥有了错误的忍受力，那他的忍受力越强，他的前景越不容乐观。仔细观察一下，就会发现，那些能让家庭幸福、事业兴旺、社会进步的好男人，都是有着正确的忍受力的。所谓正确的忍受力，就是能让家庭幸福、事业兴旺、社会进步的忍受力；就是一个人忍受的结果，必然会导致好的、善的、美的结局。

不该忽略夫人

分别三十年之后，老家的铁道兵战友们举行了一个盛大的聚会。我决定回去参加。

2011年年底，我应《白纸黑字》主编之约，写过一篇《一个铁道兵的天路前传》，约一万字，发表在该杂志的总第二期上。也就是说，我是怀念那段生活的，也渴望见到分别多年的战友们。

铁道兵为修建青藏铁路立了功，有不少铁道兵在极其艰苦的施工条件下失去了宝贵的生命，或者成了残废军人。我也险些死在著名的“关角山”隧道里。

去参加这次聚会的有一百多位战友，有两名战友带来了自己的配偶。有一位配偶坐在我所在的席上。她的丈夫说自己退伍后一直在农村务农——他有着一张饱经风霜、皱纹深刻的脸。

见大家频频碰杯，开心地表达着重逢的喜悦，那位配偶完全被冷落在一边，我觉得这样不妥。我想，如果是我的妻子，在这种场合，默默地饱受着在座男同胞们的冷落，她会很难受，我也会难受。

对身边的女同胞表达必要的礼貌与尊重，这是男人应有的美德。

我觉得主持人在致祝酒辞时，已经把这两位女同胞给忽略了。他特意提到的人员，只是应邀前来的领导，和远道而来的有身份的人。他没有注意到有两位铁道兵的夫人在场——他应该特意提到她们才对。哪怕只是多说一句话，这次聚会的文明程度，就会得到一个可贵的提升。

我想，既然我注意到了，我就不能忽略。于是，我准备提议我们这个席上的战友，一起为我们这个席上的“铁道兵的夫人”敬一杯酒，感谢她把自己的爱献给了一名默默无闻的铁道兵。

我站了起来。在酒席上，别说是代表人类另一半的女同胞我不会忽略，就是一个三岁小孩，我也会像敬一个成年人一样敬他。我并不在乎对方是不是能够回敬我，我只在意我多年来潜心积累的文明意识和道德修养是否能在日常生活中体现出来，这关系到我如何评价我自己的问题。

当我站起来，说“我向这位铁道兵的夫人敬一杯”时，对方的脸上以及她丈夫的脸上，都露出了由衷的笑容，他们一定感受到了我的善意与尊重。

让我深感意外的是，在座的战友，居然没有一个人响应和跟进。

我不想说我的这些战友们做得不好，我只想说，人在很多情境下，可以经受血与火的考验，可以做出生与死的贡献，这固然了不起，甚至可以说很伟大，但人类真正需要的是在平常生活状态下对美好人性和美好文明的建设——是每一个人都能在日常生活中体现出超越血缘与私情、超越时间与空间的美德与文明。

做男人，就得在这方面天长日久地打造自己，提升自己。

女孩的相亲标准

武汉市举办大型相亲会，已经29岁的女孩晓晓告诉记者：自己对于相亲“很有经验”，但目前还没找到意中人。晓晓说她“喜欢如阿甘一样单纯的男人，但思想要成熟”。在《武汉晚报》上看到这个消息，我也为29岁的晓晓着急起来，并且不由得在心里发出感叹：那种思想成熟又单纯的小伙子怎么那么少，以至于有相亲经验的姑娘29岁了还没找到对象！

阿甘是美国影片《阿甘正传》里的主人公。有人说他是一个“头脑简单、想问题单纯、目标单一、行动始终如一的傻瓜”。但正是这样一个傻瓜，却完成了一件件让无数人啧啧称赞的壮举，并且取得了令不少人羡慕的成功。但晓晓姑娘喜欢的单纯，却不是头脑简单的单纯，而是思想成熟的单纯。我们生活中真正缺少的，正是这种建立在思想成熟基础上的单纯。

一个人有了成熟的思想，又能活得很单纯，这说明他已经对人生中许多大是大非的问题看得很明了，对人生的意义，生活的意义理解得也很透彻，他也因此拥有了明确的奋斗目标，坚定的人生准则。只有这样的单纯，才真正可爱，真正可靠。可见，晓晓姑娘的择偶标准非常高。

那么，这种思想成熟又单纯的男人为什么这样少呢？我想，如果有太多的人生活在各种潜规则泛滥成灾的环境里，生活在法律与制度常常算不了数的环境里，生活在说了真话就要穿小鞋吃苦头的环境里，生活在有思想不吃香，不值钱甚至受压制的环境里，就别指望有足够多的人成为思想成熟又单纯的人。

生活在那些环境里的人，他连形成自己独立的思想都很难，怎么还能拥有自己成熟的思想？一个人既然不能拥有自己独立和成熟的思想，往往就只能靠迎合、盲从、投靠过日子，只能靠出卖自己的良知与灵魂换取别人的好脸色、好待遇。这样的人，很容易变得平庸，很容易变得渺小，很容易变得龌龊，很容易变得邪恶，而偏偏不可能变得单纯。

晓晓姑娘很难找到一个思想成熟又单纯的小伙子做她的人生伴侣，这只是她一个人的悲哀吗？一个社会没有足够多的思想成熟又单纯的人，那么这个社会也是不可爱、不可靠的。我想，解放思想的目的，也是要使更多的人形成并拥有自己的独立、成熟的思想，让我们的社会涌现出足够多的思想成熟又单纯的人，让生活水平提高了、择偶标准也提高了的晓晓们，能够比较顺利地找到她们的如意郎君。

小心被人看上

“各位男士请注意了，前面的一个景点里，有一个富有民族特色的竹楼。你到那里去，小心那些年轻貌美的姑娘看上你，她们一旦看上你，就会在你的脖子上挂一个绣球。你如果不反对的话，你就会在这里跟她举行娶亲仪式。当然啦，你也别害怕，这只不过是一种旅游活动罢了，最多，人家只会要你破费一点。”车上的导游说。

我就拿眼巡视车上的男士。俊的有，丑的有，老的有，少的也有，还有一个既帅气又像老板的——好，人家肯定会把他看上的。到了那座竹楼前，我还故意走在最后面。音乐响起，我们依次上竹楼。哇，竹楼的过道里，站了一排年轻貌美的女孩子。她们每个人手里都拿着一个红彤彤的绣球，见着男士就把绣球往脖子上戴，哪怕你长得再丑，她对你也是笑眯眯的，好像你真的是她的情郎哥似的。

半个小时不到，我们每个男士都为此掏了三五十元钱的腰包——参加此项活动25元，另外给“看上你”的女孩子一点小费，多少都行，我们这一帮人每人都给了10元。哈哈，说是可以拒绝，但却没有一个人拒绝。想想看，人家都乐意花这个钱，你难道舍不得？一个大男人，这点面子还是要的。

接着去看歌舞。导游又说：“各位男士请注意了，歌舞演出后，小心那些非常可爱年轻又漂亮的女演员看上你，看上你也没别的意思，就是会请你跟她合个影，如果你不愿意，你可以拒绝。”那些演员的演出还真够水准，特别是那身材那容貌，更是标致动人。我想人家这么有“档次”，总不会看上我吧。没想到，这回人家又看上我了，而且看上我的居然有五六个！望着人家那么有“档次”的笑脸，听着人家那么“平易近人”的话语，叫人拒绝都难。照吧，反正照一个才花10元钱。

回到旅游车上，男士们不由得议论开了：“唉，真没想到，连我这么个人都被人看上了，我完全没想到，那些姑娘看上一个人还挺容易的。”“老少爷们，好好挣钱吧，只要有了钱，走遍全世界都容易被人看上，人生一世，不就是要活得让人看上、让人看得起嘛。”“说来有意思，原来我这心里还挺自卑的，总琢磨着自己这也不如人那也不如人，现在可好，现在被人看上了几回，我这心里还冒出点自信来了。”……这时候导游又说话了：“各位男士请注意了，到了下一个景点——”我们竟然一起说：“小心有人看上你。”

这次去桂林旅游，令我印象最深的，除了美丽的漓江山水，就是这些“有人看上你”的旅游活动了。我觉得桂林人真会做生意，他们那么会创造条件给你尊贵、给你荣耀、给你自信、给你快乐，让你在受宠若惊中、心满意足中、欢声笑语中、精神享受中一次又一次地掏出钱来。

是呀，人生活在世上，不就是一个努力地创造条件“让人看上你”、“让人看得起你”的过程嘛。而这里面就有商机，就大有文章可做。如何才能让人充分享受到“被人看得上”、“被人看得起”的快乐，从而让人活出自信、活出自尊、活出无穷的快乐来，这里面真的有一座“金矿”可挖啊。

暴力不性感

哥伦比亚中西部城市佩雷拉，被认为是该国治安最差的地方之一，而这个城市的黑社会团伙成员们，正面临来自他们的妻子或女友的最后通牒：要么放弃武器，要么放弃性生活。在这项由市长办公室支持的运动中，黑社会成员们的妻子或者女友纷纷表示，如果他们不发誓放下武器和暴力，就绝不再与他们发生性关系。一名黑社会成员的女友、18岁的詹妮弗·巴耶尔称：“我们想让他们知道暴力不性感。”

哦，“暴力不性感”，这句由黑社会成员女友说出来的话，应该说是对暴力的一种非常有力的否定！

暴力为什么不性感？巴耶尔说：“作为妇女，我们很有价值。我们不想爱上暴力男子，因为和他们在一起，我们将失去太多的东西。”

是呀，作为妇女，当然是很有价值的。妇女的价值是创造生活，创造爱，创造这世界上最珍贵的温馨与美好。但是暴力呢？可以说几乎所有的暴力，都会对体现妇女价值的东西带来毁坏与毁灭。而对于那些不幸跟暴力制造者生活在一起的妇女来说，他们对于暴力毁灭“妇女价值”的体验肯定会更惨痛些，她们失去的肯定会更多更彻底。

既然如此，那些毁灭妇女价值的人，他们在妇女眼里还有什么性感可言？

也许那些制造暴力的人，他们自以为是很性感的。但他们的“暴力性感”意识，往往并不来源于女性的认同，而是来源于形形色色的暴力宣传品、娱乐品。

正是形形色色的暴力宣传品、娱乐品，让许多深陷其中难以自拔的人，从小就在头脑中对暴力产生了不正确的认识，以为一个人的暴力行为、暴力活动，会赢得异性的青睐，会在异性眼里显得有魅力很性感。因为那些宣传品、娱乐品，或明或暗地都把那些暴力制造者描写刻画得很性感——有些公开发行的图书、电影、电视作品亦是如此！

形形色色的暴力宣传品和娱乐品，对青少年的危害到了非常严重的地步。2006年9月25日的一家晚报，就有一条题为《小学生留言簿惊现“暴力留言”》的消息：“赵女士在清理儿子的书包时发现一本班级留言簿。翻开一看，她惊得目瞪口呆。‘我的理想是当老大，抢劫5000万’、‘我最想做的事是杀人’、‘我要××班上最漂亮的女生’，面对这些稚嫩笔迹留下的暴力字眼，赵女士不敢相信这些竟出自小学生之手。”“华科大同济医学院精神卫生中心童教授认为，现代社会对孩子的暴力影响多源自电视和网络，父母在孩子看电视、电影和上网时，应注意选择引导。”

如何引导？我以为很重要的一点，就是要让青少年认识到所有将暴力者描写、刻画、渲染得很性感很有魅力的东西，都是虚假的、骗人的，并且都是用心极其恶毒而阴险的，是任何人都必须自觉远离和保持警惕的。

所有的暴力，都是丑陋、反动、罪恶的，它们没有丝毫可欣赏之处，更没有什么性感可言！

令人悲哀的“炫耀”

印度某大城市的一个男生，竟然用手机拍下了与女友性爱活动的场面。“他随后为了炫耀，又把这段2分37秒的录像传给3个男同学。”几经周转，这段录像居然上了互联网的拍卖网站。在媒体上看到这个消息，我困惑于那个印度的学生，怎么能把这事儿拿到同学面前去炫耀呢？

但是仔细一想，喜欢拿这事炫耀的现代人还少吗？而且我本人就遇到过。那是在南方的一次文友聚会时，某地的一个文友，就当着我的面说到他的性能力很棒，说他每次与妻子享受那种快乐都在一小时以上，有一次，居然达到了两个小时。他说这话的时候，虽然语气并不张扬，但我却分明感觉到了他是得意而自炫的。我的一位出过国的朋友回来说，西方的男人们，特别喜欢拿这种本事来炫耀。或许某地的那位文友，也是受到西方影响的吧。是的，越是大城市的人，越是发达地区的人，越是喜欢拿这种本事来炫耀。

我不知道古时候的人，是不是爱拿这种事来炫耀。但据报纸上提供的资料，由于环境污染严重和社会压力巨大，现代男人的精子的含量与产量，已远不如古人了。有的科学家甚至发出了将来世界上将不会再有真正的男人的警告。自然，越是大城市，越是发达地区，男人们遭受到的环境污染和精神压力也越大，他们的性活动能量与能力，也越会遭受到这样那样的损害。或许正是身陷这种难堪处境，现在的男人们才会在无意识之中拿自己的那种本事来炫耀？来证明自己在今天这个时代，仍然是一个真正的男人？

很多报纸上的广告也在“警告”男人。这些年，报纸上天天都有男人要壮阳、要补肾的广告。那些广告列举了很多数字与例子，说明男人大多都是在这方面不行的，是不能让女人满意的，甚至是让女人暗暗地感到痛苦，自然是必须努力花钱吃药的。

这种广告的大量出现与大量存在，不是给男人造成警觉，就是给男人造成错觉。而男人，是最怕别人说他在这方面不行的。就是没有别人当面说他，他也害怕别人在暗地里这样看待他。男人就是这样，你越是说他哪方面不行，他越是要急于在哪方面证明给你看。所以，有些男人的炫耀之举，实际上是证明之举。

男人的这种炫耀，表面上很反常，实际上却是事出有因——有其深层次的时代背景作为依据；表面上很可笑，实际上却是很无奈、很悲哀的。作为一个男人，每次读到有男人如此炫耀的消息，我心里都不是滋味。我一直认为，男人是不能靠吃药来支撑自己的男人气概、男人形象、男性功能的。

环境的严重污染与社会的巨大压力，有很大一部分，恰好是来自男人的恶性竞争和畸形享受。也就是说，如今男人需要通过某种炫耀才能证明自己是个真正男人的那杯苦酒，有很大一部分恰好是男人自己酿成的。作为一个男人，我希望所有的男人，都能正视来自科学家的警告和来自媒体广告的警告，能够将自己从恶性竞争与畸形享受中解放出来，再不要通过污染这个世界来污染、损害自己的身体了，再不要通过给社会造成巨大压力来破坏、摧残自己的内心和谐与精神安宁了。

一炫耀就出错

能当上美国“海豹”突击队队员的人，应该是很聪明的吧？不是千里挑一，也是百里挑一。不仅要身体特别棒，而且也要脑子特别好使。可是据悉，一名22岁的名叫克莱顿的美国“海豹”突击队员，在向一名女子炫耀手枪时，竟意外将自己打死。

消息说：“22岁的三级海军军士克莱顿去酒吧并带一名年轻女子回家。该女子一开始要求克莱顿把枪放在一边，而克莱顿执意向对方炫耀，拿起一支9毫米口径手枪，对准自己头部，扣动扳机……”“警方推断，克莱顿原以为手枪里没有子弹。”

一艘豪华游轮的船长需要对数千生命负责，他不会是一个傻瓜吧？但如果他想在某个人某些人面前炫耀呢？他再聪明，也会犯傻。意大利游轮“科斯塔·康科迪亚”号船长弗朗切斯科·斯凯蒂诺，就是在炫耀时犯傻出错，结果导致自己掌管的游轮，发生了泰坦尼克号式的悲剧！

消息说：“负责事故调查的格罗塞托省首席检察官韦鲁西奥表示，通过对事故游轮‘黑匣子’进行初步解读，调查人员发现，发生事故时这艘游轮距离海岸线仅150米。至于斯凯蒂诺选择如此靠近吉利奥岛，意大利媒体曝出两个原因：一是向‘科斯塔·康科迪亚’号前任船长马里奥·帕隆博致敬，后者是吉利奥岛岛民；二是取悦同样来自这一岛屿的游轮服务生领班安东内洛·蒂耶沃利。”说到底，还是炫耀。炫耀自己有权力可以让如此一艘巨轮随意听从自己指挥！

人在炫耀的时候，头脑最容易发热。人在头脑发热的时候，哪怕是连最基本的常识与规则，也可以忽视、忽略掉。手枪里面有没有子弹，不察看一下就敢拿着它对着自己的头开玩笑；长达290米的巨轮也敢违规乱开，不怕它一旦触礁就会酿出船毁人亡的悲剧。

人在很多情况下的炫耀，恰好都是要故意不把常情常理放在眼里——用故意逾越常情常理的方式来表现自己的与众不同、不同凡响、敢作敢为。这个世界上的无数人间悲剧，都是在这种情境下酿成的。

人都渴望用某种非同寻常的方式在他人面前证明自己，这当然没有错，但为什么有那么多的人，他们证明的结果却是让自己出丑犯傻，铸下悔之不及的大错？我想这其中的微妙，就在于一个人在证明自己的时候，他是否能有效地控制住、根除掉自己的炫耀之心。那些能够有效地控制住、根除掉自己的炫耀之心的人，他们一定会让自己尽可能地活得理性与理智，哪怕就是需要做出逾越常情常理的事情，他们也会保持冷静的头脑，最大限度地尊重规则与科学。

炫耀之心不可有，谁能做到这一点，谁就能让自己的大脑远离愚蠢，谁就能在自己的心灵里装满智慧。哦，智慧总与心灵有关，智慧特别愿意亲近那些根除了炫耀之心的心灵。

男人的正义与智慧

一位姓邹的女士，走在武汉市中南路人行天桥上，突然接到朋友电话，就走到路边去接。这时候，一位素不相识的男子竟然朝她喊："老婆！你又在给哪个男的打电话？"邹女士没有搭理，这男子的声调越发高了："看回家怎么收拾你，打个电话没完没了！"生气的邹女士马上挂断电话，和该男子吵闹起来。

稍许，该男子指着邹女士的包说："你看看包都被拉开了，刚才一个小偷趁你打电话时下手，你跟我吵架时才溜走的，他差点就得逞了。"看着被拉开的包，邹女士这才知道错怪了这位男子。该男子说发现小偷还有几个同伙，所以选择喊叫的方法吓跑小偷。在报纸上看到这个消息，我的妻子说："这个男人好可爱！"

现在的小偷，往往都是些敢于对管"闲事"者动刀子的亡命之徒。如何既能帮助被偷的人，又要小偷认为自己不是管"闲事"？那个男人用喊邹女士"老婆"、干涉她与别的男人打电话的方式出现，在那种情况下应该是一种最"自然"最妥当的方法。这个男人在那么短的时间里，在那么紧急的情况下，能够想出这么一个"万全之策"，足见他是个遇事冷静、反应迅速、考虑问题周全的人。这样的人，值得我们用说他"很可爱"的方式去赞美他、鼓励他。

应该说，这个男子是个很善于智取的人。在那种情况下，他也只能"智取”。智取，就得打破常规，甚至就得用冒犯对方——占对方“便宜”、激怒对方的方式出现。事实证明，他的这个智取效果还不错。一下子就让对方有了反应，一下子就达到了让小偷及时收手的目的。也就是说，他的脑子够用。做男人，越是关键时刻，脑子越要够用。

但一个男人，仅仅是脑子够用还远远不够。他还得有足够的正义感才行。上面说的那个男子，他的那个智取，就是建立在强烈的正义感之上的。没有正义感，他只会“多一事不如少一事”，装作没看见地走自己的路，哪里还会开动脑筋想出这个办法来？心里没有正义感，脑子里就不会生出智慧来。正义与智慧，历来都是最佳搭档。现在无数谈智慧的文章是不谈正义也不谈正义感的，所以无数读过那种文章的人也生不出智慧来。正义出智慧，正义感是智慧的最肥沃的土壤，那个喊陌生人老婆的男人是配得上谈智慧的。他的可爱，首先就可爱在他有正义感上。

人们在表达自己的正义感的时候，思虑越周全，反应越恰当，付出的各种代价越小，越可贵。我们的社会，需要更多的人能够真正明白正义与智慧的关系，能够将正义与智慧联系起来考虑并处理问题。

男人最怕别人说他无能

一个十岁的女孩上书最高法院，请求最高法院法下留情，不要判处她爸爸死刑。她不愿失去了妈妈再失去爸爸，成为一个无家可归的孩子。这个女孩的妈妈是被她爸爸用钉锤砸死的，她爸爸已经被当地法院判了死刑。那么，女孩的爸爸为什么会用钉锤砸死她妈妈呢？

原来，出事的那天晚上，女孩的爸爸为固定空调而向墙上钉钉子。因为一锤下去砸到了大拇指，女孩的妈妈便狠狠地说了一句：“无能”！正是这句“无能”，才让女孩的爸爸在手指头受到伤害的同时，心灵也受到了伤害，这两种伤害叠加在一起，让他在随后的争吵打闹中失去了理智。待他冷静下来之后，可怕的悲剧已经酿成了。他追悔莫及，痛不欲生，便写下遗书，服下安定片，企图自杀。

可以说，任何一个男人，都是最怕妻子说他无能的。哪怕他是真的无能，他也希望自己的妻子不要将这两个字说出口，让他在心理上有个最后的支撑，让他有一个家可回、可躲。更何况，那个女孩的爸爸还是一个乡村医生，还有一技之长。一个男人，只要在某一方面有一点儿长处，他就不会承认自己是一个“无能”的人。承认自己无能——不论是哪一方面的无能，就意味着他已经意识到自己没有资格再做一个男人了。对于一个男人来说，被别人说无能，那可真的是奇耻大辱！

而且，越是混得不如人的男人，越是在某一方面只有那么一点点能力的男人，越是怕别人说他无能。想想看，他的手里就只剩下那么一点点做人的本钱了，你还一脸轻蔑地将它踢翻在地，他还能不跟你恼羞成怒吗？问题是，一个男人，越是混到手里只有那一点点本钱的时候了，越是容易遭到别人的轻视，特别是遭到妻子的轻视。当男人拥有的某一点长处不能兑现他许给妻子的诺言时，或者是满足不了他妻子的欲望时，他的那点长处在妻子眼里就会成为不屑一顾的东西。这时候，男人在任何方面干下一点点蠢事，不理智的妻子就会用“无能”这样的词语来表达对男人的不满。

另一方面，男人在追求女人的时候，又特别喜欢夸大自己的能力，又特别喜欢许下一大堆让女人满心期盼的诺言。当夸大的能力露出原形了，当许下的诺言不能兑现了，女人的怨气就上来了。更何况，有一些女人特别喜欢拿能力强的男人来跟自己的能力弱的男人比。也就是说，生活中有很多因素都会导致“无能”——这两个男人最怕听到的字眼，不可避免地会从某些不够理智的女人嘴里脱口而出。

如何才能不让“无能”这两个字伤害感情、破坏家庭，特别是不让它酿成灾难性后果，这个问题或许值得所有的男人与女人想一想。

优质男的另一面

武汉市一个离过婚的女士，因为在酒店工作，能接触各种各样的人，不久，她就与一位“优质男”走到了一起。她说他是公务员，处级干部，身高一米七六。K歌时，他像王子，《三套车》唱得像原版，琴棋书画样样能来。为了追她，他煞费苦心，给她录像，还刻成碟子，有唱歌的、赏花的、生日晚宴的，半年里刻了十几张碟。看着他精心制作的碟子，她动心了。就在她48岁那年，她嫁给了大她5岁的他。

很多人都为她感到庆幸，说一个有过婚史的女人，能找到这样一位优质男再婚，那是非常不容易的。她却说：“不要把有过婚史的女人说得那么贱，你们都说他是优质男，怎么就不说我是优质女呢？我如果不是优质女，他会那么起劲地追求我？”当然，她内心还是很高兴的，还是决定好好珍惜她与他的这段婚姻。

但是结婚之后，她却发现，他竟然是那么的爱吸烟。他竟然在卧房里也抽。大冬天的，关门闭户，烟熏得大衣柜里都是烟的味道，弄得她整个晚上不敢进房睡觉，几次都是在沙发上将就一夜。她就提醒他，希望他抽烟的时候到外面去抽。他却说：“好不容易有个家，他就得好好享受一下家庭生活，就得在家里自由自在的。”

她实在难以忍受了，就跟他吵起来。原以为提醒一次，争吵两次，就不会有第三次了，结果他弄得她不得不反复睡沙发。睡在沙发上也能闻到呛人的烟味。一吵再吵，终于闹到要离婚的地步。别人都劝她：他别的方面条件那么好，你能忍就忍一忍吧。她说：“我在单位里忍受同事吸二手烟，心想那不是在自己家里，可是回到家里，我还要忍，还是不能让人完全放松，这种日子长此以往，怎么让人受得了？”最终还是把婚离了。她说：“我认为在今天这个时代，不尊重人，就谈不上优秀。一个男人，他竟然可以在卧室里一而再再而三地抽烟，那么，他就是一个连自己的妻子都不懂得尊重的人！”

那位优质男是怎么说的呢？“你在外面忍够了，我还不是在外面忍够了啊！你想在家里过一种完全放松的生活，我还不是想在家里过一种完全放松的生活啊！”或许他说的是事实，他在外面抽烟，那是肯定要受到环境的制约，很多情况下，他也得忍。一个有烟瘾的人，时时要忍耐自己的烟瘾，那也是很难受的，他回到家来，也是希望彻底地放松自己，想怎么过烟瘾就可以怎么过烟瘾的。

只是他没有想到，同样是放松，他的这种放松却是损害到他人健康的。他没有意识到，在中国，该有多少人，都是因为迁就家人的放松，而最终成为了吸烟者放松的受害者。现在有人站出来，宣告自己因为不能忍受男人的这种“放松”而离婚，我以为这是时代进步的表现。她这样做，或许会让更多的人觉醒，会让更多的人意识到：你别的方面再优秀，你别的方面做得再好，也不等于你就可以不尊重配偶的身心健康。

社会的进步，人的完善，有时候就是这样“苛刻”出来的。从某种意义上讲，那些忍受力低的人，那些敢于苛刻优质男或者是优质女的人，他们身上的某种气质，某种素质，恰好就是推动社会进步推动人的完善的宝贵动力。

进错家门的后果

早在二十年前，我的一个同事就写了一组进错门的故事，登在一家杂志上，赚了很多稿费。现在人们住的楼房，瞅着都一个模样，里面的格局更是整齐划一，看错一个单元，上错一层楼，推错一个房门，就容易跑到别人家里去。有时候，一把钥匙也能打开好多把锁呢，这就容易闹笑话。这样的笑话，曾在网上看见一个：

"那一天晚上喝高了，回家走错了门。到了我家旁边的一幢楼房，进了同一楼层同一单元的别人家。说来也巧，那家的门没关上，半掩着。我就径直进了房，鞋也没脱，直奔卧室。通的一声，就倒在床上。刚想睡，就听门外有个娇滴滴的声音说：'老公，才回来呀，想死了。'门口闪出一个披着半边浴巾，几乎全裸着的女人。我先做出了第一反应。她这才反应过来，赶忙用浴巾遮掩住了身体。接着，厉声喝斥：'这是我家！你进门也不看看，居然还直接上了我的床！'我连忙往门外走。这时就听有人敲门。我刚要去伸手拉门，她猛地一下按住了我的手，又一把将我拖回屋里，压低嗓门恶狠狠地说：'我老公回来了！怎么办？'我说：'没关系的，我向他解释。'她说：'你能解释得清楚吗？我老公可是一个心眼小的人。'她四下里看了一下，急中生智，就一把掀起了床沿的床单，朝床底一指，说：'快，你先躲到床底下再说……'"

是的，既然进错了门，那就解释不清了，因为现如今，不仅房子的规格都是一样的，而且人心的规格也是一样——几乎都是清一色的小心眼。不仅是男人的心眼小，女人的心眼同样小。如果进错门的是个女人，家里的男人也是没法跟恰好回家的女人解释的。为什么会这样呢？因为现在的社会太开放了。人的心眼是跟社会开放的程度成反比的。也就是说，社会越开放，人的心眼越小，心眼小的人越多。

社会开放的标志之一，就是一个人想做点对不起妻子或丈夫的事，那是太容易了，机会太多了，障碍太少了。一个人这样的事经历得多了，或者是看得多了听得多了，那他还会相信谁呢？遇到了说不清的事，他不相信妻子的解释，她不相信丈夫的解释，那是太正常不过了。既然没法解释，那只好委屈委屈你——让你钻到床底下躲一躲。

事情就是这样，社会上提供给你做“错事”的机会越多，你就越是要小心谨慎，不能让自己出现任何差错。不论你做没做那些“错事”，你都已经成了配偶怀疑的警惕的对象。在这种情况下，你不要奢望对方会无条件地信任你，你只能指望自己时刻保持清醒的头脑，尽可能把事情做得滴水不漏，让人看不出一丝破绽。

用心，但不要用心计

遇到一位结婚二十多年没跟妻子吵过架的男人，在跟他聊天的时候，我问他是如何做到这一点的，他说其实很简单，“只要在与对方的相处中，能够做到用心，而不用心计就行了。”我点点头，又问：“那用心和用心计，这两者之间有什么区别呢？”他下面的回答，我以为很妙。

“用心，不怕被对方识破，而用心计，不仅害怕对方识破，而且一旦被对方识破，你今后就是真心待她，她也会认为你是在对她用心计。”

“用心计，只能让对方相信你一阵子，而用心，则可以让对方信任你一辈子。”

“用心，是带着情与爱来思考问题，是以尽可能有的善意与诚意来处理事情。夫妻之间，本来就是情与爱的结合，本来就应该以最大的善意与诚意来相处。用心计，则是用瞒与骗的方式来耍花招，是用说起来做起来很好听很好看的方式，来包藏、隐藏自己并不美丽并不美好的思想与行为。”

“心与心总是相通的，心计与心计总是相克的。”

“古人说，人心都是肉长的，彼此用心，才能做到血肉相连，生死与共。古人从来没有说过人心是用心计长成的，用心计算计对方，是最可怕最可恶的人心不古。”

“彼此用心，就是在心与心之间铺路搭桥；彼此用心计，就是在心与心之间挖战壕、设陷阱。”

“夫妻之间的离心离德，往往就是从一方用心计开始的。善用心计的人，永远享受不到心心相印的幸福，也永远达不到以心换心的境界。”

“用心，在任何情况下都用心，是对爱的自信，也是对爱的坚守，在这样的人面前，心计用得越多，越显出自己的渺小与丑陋，越不得人心。用心者必定得道多助，用心计者必定失道寡助。”

“许多喜欢玩心计的人，以为玩心计能显示自己的聪明与高明，其实，那是最大的愚蠢与糊涂。用心，用心，永远用心，在任何情况下都用心，那才是最大的智慧。”

对这些话品味再三后我想，夫妻之间、朋友之间、同事之间、合作者之间，都应该本着“用心，不要用心计”的原则来相处，来交往。

航天员不会哄老婆

航天员在太空中完成了跟家人的“天地通话”之后，记者采访了三位航天员的妻子。记者问翟志刚的妻子张淑静：“刚才跟他们通话，都说了些什么？”张淑静说：“我问他吃的什么，睡得怎么样，在太空中有没有梦见我。我真希望他能梦见我。他说很抱歉，没梦见我。但我知道，他心里有我。”

唉，这个翟志刚啊，你可真是个老实坨子啊，你有在太空中漫步的本事，你怎么就没有哄老婆开心的本事呢？难道你不知道，现在不会哄老婆的男人，已经被不少人视为“落伍”了吗？

曾经不会哄老婆的我，就是这样被人教训的——当时吓得我好一阵自惭形秽，以为自己已经被时代抛弃了。但是，谁能说翟志刚也被时代抛弃了呢？他可是我们时代的英雄呢。那么，这个新闻见报后，那些曾经教训过我要学会哄老婆的人，会不会也去教训一下翟志刚呢？

唉，在太空中哄老婆，这是一个多么难得多么珍贵的机会啊！那一定会把老婆哄得幸福至极、终生难忘。呵，这么好的机会，却被翟志刚白白浪费了。要知道，要是让那些会哄老婆的男人们处在翟志刚的这个位置上，他们一定会把老婆哄得眉开眼笑、心花怒放、欢天喜地的。在那些会哄老婆的男人看来，说在睡梦中梦见了自己的妻子，那不是太容易了吗？谁能到梦中去验明真假呢？谁又能到太空的梦中去验明真假呢？那些会哄女人的男人，就是特别善于拿那些难于验出真假的事情来哄女人的。

翟志刚虽然不会哄老婆，他的老婆却一点也不怪他——哦，你听她接下来怎么说：“翟志刚在太空中挥动国旗的那一刻，我太激动了。他太出色了，他真让我感到骄傲。我也太幸运了，找了一个这样的老公，很自豪，很自豪！”

翟志刚的妻子当然知道，正因为丈夫是那样一个实话实说、干什么事都做不得一点假的人，他才能精通那么多的技术，通过那么严格的选拔，最终成为我国第一个漫步太空的人！这样的男人，肯定是一个把心思用得很实也用得很正的人，自然也会是一个能够为国家做贡献为家庭争荣誉的好男人！这样的男人，比那些只会哄老婆的男人强一百倍！更比那些因为在外面做了亏心事才不得不变着法儿哄老婆的男人强一万倍！

呵呵，不会哄老婆的翟志刚，能够让老婆爱得直呼“幸运”，连喊“自豪”，这其中蕴含的道理，还真是挺丰富挺深奥的呢。

学会“看重”女人

一个读初中的女生，觉得自己的父亲对自己不够重视，一天到晚在外面忙，连自己生病了也不回来看一下，于是她就用出走的方式来“吓一吓他”，好让他认识到“光给孩子钱是远远不够的”。在报纸上看到这篇题为“女儿出走为求重视”的报道，我立刻想起我们家的两个女人——我的女儿和我的妻子，她们也曾用某种方式提醒过我。

有一次，我带着三岁的女儿回她奶奶家玩。正玩着，见她突然捂着一根手指头哭起来了，我就忙跑过去看是怎么回事。我见她捂着的手指头上只是被什么东西划了一道若隐若现的小血印子，就说："没事没事，用不着这样用手捂着，过一会就不痛了。"大家见是这样，也就各忙各的去了。

可是过了一会，她仍然一个人窝在沙发里，捏着她的手指头在那里含着眼泪伤心，吃饭的时候她也故意不坐到桌子跟前来。大家怎么哄，怎么争着把菜往她碗里夹，都不起作用。这时候我就开始用心思了，我起身去找了一张创可贴来，把她那道若隐若现的小血口子给认认真真地包扎了一番。她竟然立刻就笑了，坐到桌子前吃饭来了。我轻声说："刚才我们没有表现出足够的重视。"一下就把大家逗笑了。

有一次我跟妻子吵架，她一气之下，就把枕头搬到女儿床上睡去了。等和好之后，我要她过来睡，她却说："你不把我枕头搬过来，我才不过来呢。"我正想说："一个枕头你都搬不动啊？何况这枕头还是你自己搬过去的，你自己能搬过去，就不能自己搬过来呀？"可我立刻就意识到她是想通过这个小动作，来让你表现出对她的特别尊重的，我也就笑着过去，把她那个轻飘飘的枕头搬了过来。

虽然这都是一些"小事"，但我却透过它有了一种很深的领悟：想要女人感受到你的尊重和看重，你就不能用普通的方式去表达；男人在表达对女人的尊重和看重时，应该尽可能选用那些夸张性的动作，哪怕听起来看起来有些过分也无妨。当然，这需要一个学习和领悟的过程。在这个过程中，你千万不能放过来自女人的某些"小动作"，如故意不理睬你啦，故意装作没听清你的话啦，跟你发发小脾气啦，这是在提醒你做得不够、做得不好。

一个男人，如果弄到女儿要用出走的方式来争取重视，如果不懂得用替妻子搬枕头的方式来取得妻子的谅解，那不仅说明他足够蠢，而且也说明他对女人的态度很成问题。

所以，做一个男人，只会拼命在外面挣钱是远远不够的，只会对女人显示自己多么非凡、多么伟大也是远远不够的。女人看重的，恰好是你对她的看重，是你懂得在一些“很不起眼”的事情上，足够用心地表现出对她的体贴和珍爱。

发脾气不如找“钥匙”

妻子的亲戚很多，光堂兄堂弟就有八个。这些堂兄堂弟里，妻子最敬重的是她喊作“三哥”的那个男人。

妻子说她这个三哥，小时候吃过很多苦，他靠自己的努力从乡下奋斗到城里来，并且在城里盖了房子，说他跟三嫂的感情很好，家里的气氛总是很和睦。

每次回到妻子的老家过清明节，其貌不扬、说话也不多的三哥，总是被那些在外面当了官的以及特别能闹酒的堂兄堂弟遮掩着，我对他，也就没有留下特别的印象。后来听说他的两个孩子特别能读书，并且都考上了很不错的大学，我也只是觉得那是他的孩子很不错。

真正让我注意到三哥的，是有一年清明节回老家上坟。中午吃过饭之后，其他从各处回来的几十个男男女女，都在喝茶、剔牙、闲聊，只有三哥一个人在院子里摆了两个大盆，坐在一个小板凳上在那里默不做声地洗碗。想想看，几十个人吃过饭的碗筷盘子，该有多么大一堆，他却很有耐心地将它们一个个洗了，并用抹布擦干。我知道，很多男人都是以不做这种事为荣的，而三哥却能让自己的妻子闲着，让自己的父母闲着，自己一个人做这种事，而且不怕亲戚们笑话他无能。

我与三哥的儿子聊天，聊着聊着就说到他的父亲上去了，他居然说他父亲从来没有打过他。“一个指头都没动过你？”我突然有点惊奇地问。“没有，他一个指头都没动过我。”

据我所知，中国男人没有打过孩子的，一百个里面也难找出一个。“你爸爸的脾气这么好？”我接着问。他说：“不能说他没有脾气，但他就是在外面受了再大的气，哪怕是做生意被别人骗了，他回到家来，也不朝我妈、朝我们孩子发脾气，他只是一个人待在门口，一根接一根地吸烟。”

三哥的儿子结婚，他请我们去喝喜酒。我们搭了两个小时的车赶到三哥家。三哥一直在忙前忙后地招呼客人。三嫂也在忙，但她的空闲要多一些，我便瞅空跟她说：“我听你的儿子讲，三哥从来没冲你发过脾气。”三嫂笑一笑说：“他说得不错，你三哥确实是个很会做人的人。由于他在家里从不乱发脾气，我们结婚二十多年来，一次架都没吵过，在这方面，他确实比很多人都做得好。”

今年回去过清明节，我特意找三哥聊天。我说：“你家里人都说你从不冲他们发脾气，我认为光凭这一点，你就是个很了不起的人——我想知道，你是怎么做到不发脾气的？”他笑笑说：“发脾气没有用啊，发再大的脾气，也不能解决问题啊。”我又说：“可是，有些男人碰到了什么不顺心的事，遇到了什么难以迈过的坎，他们就会在家里发无名火，就会找茬儿冲老婆孩子发脾气。”他立刻说：“我觉得遇到了问题，就要努力找出解决问题的办法，我相信任何问题都像一把锁，你总能找到一把钥匙打开它。与其在那里发脾气，还不如想办法去找钥匙。自己想不出好的办法，就得求教高人。你只要真正努力了，你就一定能找到那把钥匙。”

这话说得我一惊，我深深地点头，说：“在你看来，脾气不是钥匙，发脾气不如找钥匙。发脾气只会坏事，找到钥匙才能解决问题。你真是一个有见识的人，你的这个想法非常有价值！”说得他笑起来：“到底是作家，会总结，会深化。”

不要侮辱别人的智商

他明明又跟前女友搅到一起去了，并因此而“消失”了好几天，他却跟正在谈恋爱的女朋友说，他这两天正忙着跟新加坡的客人谈生意呢。“你们的生意谈得怎么样了？”有一天，女朋友见着了男朋友的上司，不由得这样问。

这一问就让男朋友露馅了。女朋友终于知道了他与前女朋友搅在一块的事。面对很生气的女朋友，小伙子说他可以当着她的面打电话跟前女朋友“彻底断绝来往”，说着便拿起女友的手机，拨了一串数字，然后走到一边，一本正经说了一些断绝往来的话。

但女朋友却跟他断交了。因为她查了手机的通话记录，里面根本没有他的拨出前女友的号码。难道是他删除了？她特意去打印了通话清单，发现仍然没有。她知道上了男朋友的当。“他竟然敢侮辱我的智商！”于是愤然提出分手。

尽管男朋友一而再再而三地求饶，说他真蠢，真是蠢到家了，她也没有答应他。她通过这样一个细节，彻底把他看穿了。

这个小伙子也真是蠢。蠢就蠢在他不知道，尊重对方的感情也好，尊重对方的人格也好，都是要以尊重对方的智商为前提的。不尊重对方的智商，就谈不上尊重对方的感情与人格。在对方的智商面前耍花招，而假装着尊重对方的情感与人格，那种虚假一旦被识破，被戳穿，后果往往就会弄到不可收拾的地步。

任何人，只要他在他人的智商面前玩花招，他都是很难玩得过去的。道理很简单，你那样玩的，只是自己做人的不诚实和心灵的丑陋，而不是自己真正的智商！

人与人的交往与相处，最重要的是能持之以恒地以诚相待，奉献给对方以全方位的真诚。而要做到这样，最忌讳的就是过高地看待自己的智商，过低地看待对方的智商，然后错误地认为对方的智商比自己低，以为自己就是干了什么对不起对方的事，对方也不会察觉，也无从知晓。

我相信，很多情侣之间、夫妻之间情感的裂痕、婚姻的伤痕，都是在这种情况下产生的。人在判定对方的智商比自己低的情况下做“坏事”，那胆量就会特别大，心态上也会特别放肆，这样做的后果，只能让对方很容易把你识破、看穿。

但愿那个在智商面前玩花招的小伙子能够真的认识到自己的愚蠢之处，能够真的认识到：要想将两个人的感情永远保持在互信、互敬、互爱的状态，他必须永远对对方的智商怀着虔诚之心、敬畏之情，永远都不要有对方的智商比自己低的想法，永远都不能产生一丝一毫挑战对方的智商的念头。

或许我们都应该这样想：永远都不轻视对方的智商，才能证明自己的智商足够好。

妻子永远是“贵客”

那天，周先生与几个朋友在外面吃饭，他发现邻桌的一个男人是个熟人。这个熟人在外面跟人打交道，是很注意尊重女士的，但是此时却是那么不尊重这位跟他一起生活的女士——他的妻子。

那个男人是带着妻子一起来吃饭的。妻子还抱着一个两岁左右的小孩子。她不时地给小孩子喂东西，而旁边的男人只是自顾自地吃着。他妻子每夹一口菜都很费力，每次想多夹一些菜放进自己的碟子中，都要很费力地先抱紧孩子。即便这样，那个男人依旧那样自顾自地吃，基本上把几个菜吃得差不多了，也始终没有去照顾妻子跟孩子。

周先生看得心里很难受。同时他也想：这种没修养的事，自己身上也有呢，他也因此而暗暗地感到惭愧。周先生也是很少注意到这样一个小动作的。谈恋爱的时候，在女朋友的家中，女朋友怕他难堪，便总是把好吃的菜往他的碗里夹。到了他们家里呢，他的父母把他的女朋友当作贵客，吃饭时，都是把好吃的往她碗里夹，有时夹多了她吃不了，她又夹到他的碗里。这样，在他的意识里，他好像成了一个被她夹菜的对象，他也就没有想着给她夹菜。结了婚之后，他和女朋友变成一家人了，他就想既然是一家人了，干吗还要那么客气呢？他现在意识到，这不是一个客气的问题，这是一个修养的问题。

周先生便在自己的博客上就这事写了一篇感想，博客的题目是：请给你的妻子夹口菜。没想到，这篇文章反响还挺热烈。网友们一个个说：“吃饭的时候如果他能给我夹菜，我会很开心的。”“我以后一定给我的妻子夹菜，有人肯嫁给我的话。”“呵呵，我老公给我夹过菜，只有我们两个人的时候也会，基本上每次他都把好吃的菜夹到我碗里。”“你说得太让我感动了，真的，不知多久他都没有为我夹菜了，以前谈恋爱的时候还会，现在就像你说的那样，我还是抱着孩子吃，有时我叫他帮我夹一点，他还不愿意，哎！”“是啊，男人们不能光在外面装绅士。”“男人要当绅士，首先要做得让自己的太太感动。”……

这以后，周先生便注意给自己的妻子夹菜了。这天，一个朋友请客，他当着大家的面，给妻子夹了几次菜，妻子的脸上立刻有了一种因为受到丈夫细心呵护而透露出来的幸福神情，嘴角上还不时涌出那种抑制不住的受宠后的笑意。他就想到：哦，给妻子夹菜，她享受到了的不仅仅是那一口菜啊！

有时候，他陪妻子逛街，逛累了就一起到餐馆里吃饭。见他不住地给妻子夹菜，餐馆里的好多人都把目光往他身上投，往他妻子身上投。他的妻子就更是一脸幸福的神情，那种不时涌现在嘴角的笑意，让她显得更加美丽动人。

周先生跟我是很要好的朋友，最近聊天时说到这件事，他说："我现在才体会到，要让婚姻美满幸福，要让两个人长久地保持恩爱如初的甜蜜，最难的，就是你能不能永远把自己的妻子当'贵客'看待。"

学会在家"寻"妻

在报纸上看到不少"丈夫千里寻妻"的消息。且说有个姓王的丈夫，妻子失踪之后，他找过不少地方，"为了排遣思念，他差不多一天写一首致妻子的诗，现在已写了厚厚两大本"，有两句诗是"真希望时光倒流，让我把你追回"，他还告诉记者："只要能够找回她，倾家荡产也在所不惜，因为对我来说，她是最珍贵的。"

不少寻妻的丈夫，都说妻子"失踪"是与妻子爱上了上网和外出交际有关，大多数都把妻子"失踪"的原因，归结于"社会变得太复杂了"，"人们的交际方式太多了，工具也太先进、发达了"，而很少有人在自己身上找原因。他们中的有些人仍然把婚姻视作保险箱——只要把妻子娶进门就万事大吉了，就把她当作家里人了，是为自己所用为自己服务的家里人，至于她们有什么要求有什么欲望，特别是在思想情感和生理感受上有什么变化，他们是不去多想的，更不肯抽出时间、精力来探讨和研究。

结果，他们虽然每天生活在一起，但妻子情感上最大的变化、生理上最难以启齿的焦虑是什么，当前面临的最大问题和最强烈的愿望是什么，做丈夫的却一无所知。也就是说，这时候妻子每天出现在他面前的只是一个身影，她的思想和情感对于他来说，已经开始“失踪”了。

有个离家出走的妻子，谈到她出走的原因时说：“现在都什么时代了，连小孩子都要跟大人平起平坐，讲平等交流，可我家那个男人，却在家里搞唯我独尊，连夫妻之间都不能平等对话，家里的大事小事都要他说了算，包括床上的夫妻生活，他也是只顾满足自己的感受，我稍稍表达点自己的意见，拿出点自己的主张，他就会跟我粗声大嗓地发脾气，眼珠子瞪得老大，叫人心里直发寒。要不是他一意孤行，我怎么会私自出走？”

所以，我认为，现在的丈夫，必须学会经常不断地在家里“寻找”妻子，善于发现妻子在思想上、情感上、生理上包括夫妻性生活上的变化，并根据这些变化做出相应的反应，或给予关心爱护，或给予支持帮助，或改变自己的观念与偏见，或调整自己的行为与方式，使夫妻感情与生活方式总是处在和谐共存、彼此交融的状态之中。做丈夫的一定要认识到，夫妻相爱相处的过程，同样是一个动态的、变化的、发展的过程，能够在这种过程中让妻子越来越依恋自己看重自己，既需要真心付出，更需要运用你的智慧。

只有学会了在家里“寻找”妻子，才能避免让妻子出走，避免让自己落到天南海北地苦苦寻妻的地步。

小保姆的“测验”

很多男人，在人生的某一个时期，都会跟家里的小保姆打交道。很多小保姆都是未婚的女孩子。她们那光滑的皮肤，洁白的牙齿，红扑扑的脸蛋，纯情害羞的表情，确实逗人喜爱，甚至让人动心。动心，这没有什么不好，但如果因动心而想动手，那就一定要慎重。因为一旦动手，就形成了事实，而男女之间的那种事实，可以在漫长的岁月中，一点点地演变成一个巨大的人生陷阱。

某地一位供职于国营企业的高工，就因为十一年前，对家里的小保姆动了手——放任自己与小保姆发展成暗中偷情的关系，结果十一年后，他就掉进了自己亲手挖下的人生陷阱之中，成了一个“自己那张脸真不知往哪搁”的“新闻人物”。

十一年前，这位高工才四十出头。那正是一个刚刚进入不惑的年龄。处在这个年龄段的男子，大多都有一种成熟美。只是男人们在别的方面成熟起来容易，唯独在处理两性关系上，最不容易成熟。这位高工，在妻子不在家里的时候，对那位小保姆进行了诱惑，结果就上了床。

在小保姆离开后的许多年里，他每每想起与小保姆的“偷情时光”，他的心底里都是那么的甜蜜和得意，认为自己神不知鬼不觉就享受到如此美妙和珍贵的“秘密性爱”。

让他万万没想到的是，十一年后的一天，他突然接到原来那个小保姆的电话。对方在电话中哭诉她离开他家后嫁了人，生下的私生子已十岁。这还得了？怎么会是这样？怎么有这种可能？他的脑子一下就乱了。

他想，这事如果闹开了，他的名声一下子就完了。他只能同意与对方见面，并拿九万元作为补偿，条件是要求对方为他保守秘密。保守秘密，成了他这个时候的人生第一需要。

在秘密状态下享受到的性爱，你要想人家为你保密，你很可能就得为此付出高昂的代价。

对方发现他给钱爽快，便一而再再而三地找出各种理由对他进行勒索，稍有不从，就扬言将丑事抖出去。在接下来的一年多的时间里，他一共被敲去154.5万元。这笔巨款，绝大多数被对方赌博、挥霍。接下来，她居然跑到他单位里去闹，并带着一帮赌友从他家里把他带走，限制他的人身自由，勒索他的钱财，他只得报案。

他做梦也没想到，当初那么清纯可爱的小保姆，竟然变成了一个恶魔！为何没想到？人都是会变的啊。看不到人的变化，看不到自己做下的事因为人的变化会给自己带来不可预知的后果，还能叫成熟？人生的真正成熟，不是以年龄来划分的，而是以心智是否成熟来划分的。

那个小保姆的出现，就可以测验那个高工的心智是否真正成熟。应该说，那个高工没有通过这个“测验”。

没有钱了就多笑笑

H失业回家了，我以为他会愁眉不展的，没想到，他脸上的笑容反而多起来了。特别是对他的妻子，他更是一改从前的那种满不在乎的神情，妻子不论说什么，他都是一脸的笑。“不跟她笑不行啊，因为人家现在一个月还能拿两千多块钱呢。”他在我面前苦笑着说。但他在妻子面前的笑，显得很假，很做作，让我看了很不舒服。

没钱男人的笑，十有八九都是被动的笑，是不得不笑，皮笑肉不笑，若再不用笑来应付、来搪塞、来做最后的抵挡，他那张脸皮就真的没有地方搁了，没东西可以挂得住了。自然，男人的这种笑脸都是有钱人压榨出来的。对于没钱男人来说，有钱人的一句话、一个动作、一个眼神，都极具威慑力、杀伤力。这种看不见的威慑力、杀伤力一波一波地袭来，一次次地把没钱男人的那一颗苦胆压榨破，压得胆汁四溅，泪意怆然，但是他还得笑。所以，没钱男人的笑脸总是很苦，很苦。

没钱的男人总是逃避着有钱人的。但如果自己的女人也是个有钱人呢？那就无处可逃了。在我看来，男人最惨的不是自己没有钱，而是自己没有自己的女人有钱。古人说女子无才便是德，这话在今天就成了女人无钱便是德了。也就是说，女人一旦有钱，特别是一旦比自己的男人有钱，她就会变得更可怕。当然是让她的男人感到可怕，而有德的人是不会让人感到可怕的。

在这样的家庭里，没钱男人的笑脸简直就像用橡皮筋做的——妻子揪也好打也好，都可以不知道疼痛；妻子吼也好骂也好，也可以用极好的弹性来包容。对于挣钱比自己少的男人，女人不主动提出跟你离婚就算对得起你了，她揪一揪你、打一打你、吼一吼你、骂一骂你，又算得了什么呢？在这个一切都以钱多钱少论英雄的时代，你的钱少了，你就得用笑脸来充数、来垫底啊。

有了这样一张笑脸来充数来垫底，没钱男人才有可能勉强保住一个虽不美满但却完整的家。一个既没有钱也没有家的男人，除了去当流浪汉去沿街乞讨，几乎就没有别的路可走了。所以，没钱男人如果能保留一张笑脸，这张笑脸就会成为没钱男人的最大法宝，最后的根据地。

有了这块根据地，或许还有时来运转的那一天？也就是说，在没钱男人那一张笑脸的背后，多少还有一点儿让人顽强活下去的希望与梦想。

不要教孩子恨妈妈

“总有人跟我说，你不能让你的女儿跟她妈妈来往，你要让你的女儿恨她妈妈才对。可是我从不这样想，我总是反驳他们说：怎么能让孩子恨妈妈呢？一个教孩子恨妈妈的父亲，他能是一个好父亲吗？”我的一个离了婚的校友这样跟我说。

见到我点头认同，他接着说：“孩子她妈可以对我不好，但她不可能对她的孩子不好，让孩子跟她来往，我一点也不担心她会亏待孩子。再说了，无论如何，孩子有享受母爱的权利，孩子要享受母爱，就得跟母亲来往。孩子对妈妈好，孩子长大后爱护妈妈、照顾妈妈，这是天经地义的事情，任何人都不能设卡、反对、阻拦。”

他说离婚后，他对女儿是精心呵护、百般爱护。他说到的许多细节，真是很感人。“我这样做是为了跟孩子妈妈争夺对孩子的爱吗？是为了让孩子得出爸爸对她好、妈妈对她不好的结论吗？当然不是，我只是在努力尽到我的义务，表达我的爱心。我跟孩子说：你该怎么对待你爸爸，你就怎么对待你妈妈，我对你在这方面的做法不会有任何的意见和想法。”

“我觉得你的文明程度很高啊。”我笑着跟他说。我真的是从他的身上感受到了一种文明。

这些年，我接触到的离婚男人可不止一个两个。我发现，只要孩子判给了男人，绝大多数离婚男人都是极力阻挠孩子跟妈妈见面的，都在背后极力丑化妈妈，妖魔化妈妈。他们恨不得直接把仇恨的种子植入到孩子的心灵中，他们希望通过自己的艰苦努力，达到让孩子永远不要跟妈妈来往的目的。

有的经过多年的努力，好像真的达到这个目的了，孩子看起来真的跟他妈妈没有感情了。他们说起这事就非常得意，以为自己很了不起。这种人，在我的这位校友面前是不是显得有些野蛮呢？或者说，我的这位校友，在这种人面前，是不是显得非常的文明呢？

在当今这个世界，一个文明的人，在任何情况下，都应该可以超越个人的好恶和情绪，合情合理地来对待他人，处理事务。合理自然也包括合法。那种极力阻挠孩子跟妈妈见面、交流，采取种种恶劣的方式让孩子恨妈妈的行为，很显然是不合法的，也是践踏人权的。

一个人，连自己孩子的人权与合法权益都不尊重，都敢践踏、剥夺，他还能是一个文明的人吗？在我看来，任何一个人，不论他的学历多高，不论他把自己打扮得多么前卫、时尚，他只要是一个变着法子让孩子恨妈妈的，他就不是一个文明人，他就是一个很野蛮的人！

必须面对现实

在一次酒席上，大家都说坐在我身旁的那个银行行长，“做人很不错”。可能是大家看他是行长，故意恭维他的吧？我心想。吃饭吃到中途，行长的妻子不知怎么说到今天是她的生日，说要不是她老公把花送到她单位去，她自己都没想起来，说得席上的气氛一下子热烈起来。

先是大家都站起来，一起举杯祝她生日快乐，再是有人笑着说："你自己的生日，怎么连你自己都没想起来呢？"她老公说："唉，她这人，事业心实在太强了，这些年，她心里就只有工作。"这时又有人跟她说："你这个老公，对你还真是很不错的嘛，都四十多岁的人了，还能记着让你享受这种浪漫。"

我心想，一年送一次花，那也是可以刻意表现一下的嘛。没想他妻子却说："是啊，我觉得，他还行。今天他不仅跟往年一样送了花，而且还跟往年一样，中午亲自下厨，为我做了好大一桌子菜。"

嗯，这个男人还真的不错呢，我开始改变对他的看法了。我笑着问她："那他平时怎么样呢？"她说："平时，也还行。平时他下厨少一些，但我们家的菜，基本上都是他去买的。"

一说到买菜，席上的一位中年女士来了兴趣。她笑着问我旁边的行长："那你平时都在哪里买菜？""彭家湾菜市场。"行长说。那个女士也是在这个菜市场买菜，于是她问："那你说说，彭家湾哪一家的豆腐最好吃？"行长立刻说："往里走倒数第二家，这一家的豆腐做得特别地道。"那位女士笑着点头，然后又问："那你说说，彭家湾哪一家猪血最地道？"行长说了一家，那女士表示认同。

见大家都喝起彩来，行长反而问起那位女士来了："在彭家湾的哪个摊位上，可以经常买到野鱼？"竟然把那位女士给问住了。他不仅说出了那个摊位，而且还说出不少辨别野鱼的方法。

席上的男士们都向他敬起酒来，说没想到，他做这种家务事也能如此精到。直到这时，我才觉得他真是一个很不错的男人，自然也举杯向他敬酒。大家都在闹哄哄说话的时候，我悄声问他："你这样做，不，你这样对她，是你觉得她特别可爱呢，还是你天生的就是这样一个人？"他小声在我耳边说："是我必须面对现实——她既然是这样一个一心扑在工作上的人，而且我怎么反对都没用，我就必须面对现实。”

他真正打动我的，就是他的这句“必须面对现实”。他这句话的意思是：一个男人，不论面对怎样的现实——跟他一起生活的那个女人，是顾家还是不顾家，是温柔还是不温柔，是漂亮还是发胖变丑，这都不影响男人按照自己的承诺去爱她（几乎每一个男人在追求他的女人的时候，都是做过无数美好、动听的承诺的），去做一个能够得到她衷心赞美、大家一致认可的好男人。

是啊，一个人要面对现实，就意味着他在任何情况下，都能做到不改初衷、信守诺言、积极进取，都得尽最大努力展示出人性中最美好、最温暖、最可爱的一面，而不是向现实中那些消极、丑陋、邪恶的东西屈服，随波逐流，无所作为，成为一个让人们在暗中摇头、叹息的人。

妻子眼里出孬种

我一直是一个设身处地为朋友着想的人，但有一次，我无意中做了一件对不起朋友的事。

我完全没想到我跟朋友的谈话，会谈到他的妻子对我大加赞赏的地步。于是朋友的妻子也插进来交谈，我便“集中优势兵力”，让自己的谈吐更有“战斗力”。

“你看看，你看看，你可是比人家差多了！”朋友的妻子忍不住这样数落起我的朋友。朋友的脸也立刻红了起来。

我这才意识到自己做错事了，于是开始撤退，站起身来告辞。结果朋友的妻子送我比朋友送得还远，还一再邀请我到他们家吃饭。

我真担心我的朋友的形象会因此受到损害，就像我的某些朋友这样损害我的形象一样——他们也总是喜欢在我的妻子面前表现得很优秀，表现自己的优秀不说，还要对我的短处大加嘲讽。虽然他们这样做都是善意的，是在开玩笑，但等他们走后，我的妻子就会“哦——”的一声，说“原来你是这种人啊！”

我在谈恋爱时建立起来的美好形象，至少有一半是败在我的朋友们手里的。朋友们加起来的优点肯定比我多，朋友们知道我的缺点也肯定比我妻子知道得多，而我的妻子又总是希望我十全十美。结果弄到现在，我在妻子的心目中，连“五全五美”都没有了。

我的那位朋友说起来还是很不错的，至少跟我是各有千秋。只是这样一来，他的妻子就稀里糊涂地得出了一个他比我“差多了”的结论。有道是“情人眼里出西施”，但人一结婚，这句话就变成了“妻子眼里出孬种”。有道是“熟悉的地方没有风景”，再好的丈夫，在妻子眼里看久了，也会看出毛病来。这时候，再有朋友当着她的面来表演他的拿手好戏和精彩节目，甚至还要拿那“孬种”的短处大开玩笑，那后果只能是火上浇油，雪上加霜。

于是我就希望我的那位朋友在他的妻子面前说说我的坏话——怎么说都行，就像我在我的妻子面前说我的某些朋友的坏话一样。我在这里老实承认，我是喜欢在我的妻子面前说我的朋友们的坏话的。越是喜欢在我的妻子面前表现自己的人，我就越是喜欢说他的坏话。

事实上，很多人都是这样做的，而且做得很地道、很美妙。人在很多方面，都是可以无师自通的。

但我还是觉得，作为朋友，在别人的妻子面前还是要“适可而止”才好，不要当着朋友的妻子过分卖弄自己的“孔雀尾巴”，无意中把朋友弄得很难堪。相反，作为朋友，应该在朋友的妻子面前，多多赞扬朋友的长处才好。我现在就已经是这样做了。将功补过，总不为错吧？

风光过的男人最脆弱

关注过香港足球的人，应该都知道一个名叫蒋世豪的球员。因为在绿茵场创造过一系列辉煌的战绩，他还担任过香港足球代表队的队长。谁能想到，在他人生最失意的时候，妻子的一句只是稍稍含了一点责备的话，就让他趁着醉意，跳楼身亡。有人说，风光过的男人最脆弱，看来还真是如此啊！

蒋世豪18岁便代表香港青年足球队踢球，其后在足球圈打拼18年，被誉为香港最出色的中场指挥。他在2008年结束职业球员生涯。有消息称，他退役后与朋友经营酒吧。有球友形容蒋退役前十分风光，月收入数万元。只是退役后，他经营酒吧生意却不顺——与拍档分别赔了数十万元，随后他又转做卡拉OK，亦不见有起色。

蒋世豪早在1996年就结婚了，与前妻育有一女，后来离婚后与任职空姐的现任妻子结婚，育有一对子女，女儿两岁，儿子只九个月大。他曾向友人透露，妻子怀孕期间辞去空姐工作，导致家庭经济负担越来越重，他不得不到澳门客串踢球赚外快。最近，因为踢球把脚踢伤，他连外快也赚不到了。于是一家人不得不举家搬入岳父家寄居。这样，子女可以由岳母照顾，妻子可以重新去当空姐。

那是四月下旬的一天，晚饭后他到酒吧与朋友饮酒，一直到凌晨4时许才返回住所。妻子当然有些不高兴，但也只说了一句：“怎么弄得这么晚才回家呀！”没想到，这句话让他本来就不好的心情一下子跌入谷底，于是突然失去理智，推开窗户，纵身从36楼跳下！消息传开，不少人都为他扼腕叹息，说他才三十五岁啊，如此大好年华，有什么困难不能克服啊！有多少责任还需要他承担啊！这个世界上，该有多少人比他混得更加不如意，但他们不是照样在那里顽强不屈地生活着嘛。

我曾在电视上看过大量“台商的故事”——有很多台商，在做生意的过程中都是反复遭受挫折，甚至一再弄到血本无归、倾家荡产的地步，但他们仍然不放弃、不气馁，他们反而觉得已经失败这么多次了，已经摸到一些门道了，再放弃就太可惜了。他们中的很多人，就是这样最终把生意做得有声有色的。蒋世豪为何不能这样呢？

蒋世豪撒手而去，再次证明了男人缺乏“消化”曾有风光的能力——过去的风光会长久滞留在他们的“肠胃”里，会因此转化成可怕的毒素，渗进他们的“血液”，从而让他们患上一种对生活中遇到的挫折与失败特别敏感、特别难以接受的“精神脆弱症”。这也是无数人佩服邓小平的原因：可以一次次从风光的顶峰跌进深渊，而从不想用自戕生命的方式“解决问题”。

或许，人生最灿烂、最迷人的风光，是建立在不把任何风光当作包袱和毒药这个基础上的，要做到千锤百炼、百折不回、勇往直前——哪怕是在命运的最低谷，也能唱出最快乐的歌，放出最理性的光！

让妻子大跌眼镜的爱情

十多年前，大学生中凡是谈恋爱的，最多就是在外面牵牵手，只要见了老师，就会一下子分得很开，离得很远。这些年，情况有了变化：恋爱的学生在校园里出双入对，牵手勾腰，似乎取得了某种合法地位，不再顾及老师的感受。当然，也不再怕老师批评。不过，我妻子班上的学生，谈恋爱仍然在私底下进行，极力避免让她知道。

我妻子当班主任极其认真，对学生管得特别严。学生反而喜欢她，说他们遇到了好老师。连许多毕业很多年的学生，也会特意回来看她，说要不是她当初管得严，让他们把该学的东西学到手，他们走上社会后也不会那么顺。

正因为妻子管得严，她班上的学生，凡是跟本班同学谈了恋爱的，一般都是到了毕业之后，才有消息传来。这时候，妻子也只是笑一笑。

笑一笑，一般都不作什么评论。只有郑平（化名）的爱情故事传来，她才因为大感意外，回到家里以一种特别兴奋的口气跟我说："真没想到啊，郑平这么一个人，居然把全班最漂亮的女生追到手了！那个女生，不仅人长得特别漂亮，而且个子也比郑平高出一个头，家里的条件也比他好！唉，说什么，我也没想到她会喜欢上他的！"

她说的那个郑平我见过，不到一米六的个头，人也长得又黑又瘦，他们班上比他高大帅气的男生多的是！有的男生家庭条件也特别好，连结婚用的房子都买好了。郑平呢，人长得不咋样，家还在农村，父母都是种田的。“嗯，他是凭什么把她追到手的呢？”我这样问妻子。“可能是郑平这个人的人品和素质征服了她吧。郑平这个人，待人特别诚恳，做事特别踏实，心也特别细，关键是他这人特别让人放心。他在学校那几年，我只要把事情交代给他，他就不会再让我操半点儿心。我觉得那个女生爱上他，也是对的。”妻子说。

一般来说，如此其貌不扬、家境不好的男朋友，女孩的父母是很难看中的。没想到，郑平很快就通过了那个女生父母的“审查”。“她母亲隔些时日就会给我打个电话，让我注意身体，工作上不要有压力，晚上一定要按时睡觉。”昨天他回校有事，特意到我们家里来，当我问到女方父母对他的态度时，他笑着这样告诉我。

郑平他们走上社会已经两年了，“我们班的学生，郑平是干得最好的，才两年时间，他就在一个很大的公司里当上了中层干部。”妻子说。我说：“你应该跟你现在的学生，好好讲讲郑平的爱情故事。”

爱不因出名而改变

看一本书名为《新娘日记》的书，常常让我沉浸在深深的感动里。作者写这些日记的时候，一点也没想到日后可以出版，因此她写得非常真实，连自己的外遇和艳遇都写进去了。正因为真实，它才是那么可信，那么让人感动。

更令我感动的是她的丈夫罗伯-格里耶。罗伯-格里耶整整追求了她6年。在这个过程中，他也让自己从一名很普通的写作者，变成了一个不仅在法国而且全世界都颇有名气的著名作家。一本又一本的小说获奖，一本又一本的小说被改编成电影。世界上的很多地方都邀请他去参观，讲学。他的生活过得风光而又灿烂。

可贵的是，罗伯-格里耶并没有因为自己名气越来越大，而改变对妻子卡特琳娜的爱。平时，他只要有时间就会陪着妻子散步、逛街，并且一起下厨做菜，毫无名人的气焰和做派。有一次，根据他的作品创作的剧本被拍成电影并获了金狮奖之后，他在外面接受采访回来，发现妻子有可能在家里睡觉，他没有开门进屋去，而是独自在城里转悠了三个多小时……

感动，有时也是因为少见多怪。我承认，像罗伯-格里耶这样出了大名仍然不改初衷地爱着自己的妻子——爱得如此体贴、如此深情的，确实少见。当然，是在我的视野里少见。我的视野里也有名人。尽管我的视野里的名人的名气还远远比不上罗伯-格里耶，但他们在自己的配偶面前，那种名人气焰、名人做派，却是表露得让我不忍多看一眼。我见过的一些人，仅仅因为在一个小地方的某一个领域里有了一些小名气，便在自己的配偶面前摇身一变——变得唯我独尊、趾高气扬，甚至特别爱发脾气。

在今天这个时代，随着文化多元化、生活方式多元化，那些才华出众、敢作敢为、头脑灵活的人，要想在某个方面某个领域出点名已经不是什么困难的事情了。应该说，这是好事。不好的是，某些人，哪怕只在网上的一个群里出了一点名，就让自己的那点名气冲昏了头脑——就连曾经被自己视为神圣而圣洁的爱，在他的眼里也变了形，变了味。他在自己的配偶面前，就不再是一个重情重义、可亲可爱的人了。

在我眼里，那个名叫罗伯-格里耶的法国作家，是一个真正称得上有修养的人。什么叫修养？修养就是越有地位、越有名气、手里的钱越多，他越能尊重、呵护普通人，越是能让自己的哪怕已经是年老色衰的配偶享受到被珍视、被体贴的感觉。爱的美好，爱的崇高，爱的神圣，爱的圣洁，往往就体现在这些方面。

杨澜也需要男人的包容

“作为一名成功的女性，你辗转腾挪于传媒界和商界，无论输赢进退，你总能以优雅温和的姿态保持着近乎完美的形象，有什么秘诀？你有没有不完美之处？”最近有记者在采访杨澜时，向她提出这样一个问题。

我觉得记者问得好。杨澜在公众面前再优雅，也会有不完美之处，因为这世界上根本不存在完美之人。问题是，记者想让读者知道，杨澜的不完美之处——杨澜的不优雅，都隐藏在什么地方，都是由谁来吸纳包容的？

杨澜首先说到她最近出版的一本书，“这本书都是讲我不优雅的”，然后她说：“我做《杨澜访谈录》十一年，我的事业如同坐过山车，从高峰到低谷的时候，这其中有很长的一段时间。我最后不得不忍痛把自己创立的阳光卫视卖掉时候的心情，可以说不亚于卖掉自己的孩子，十分痛苦。我受过很大的打击、挫折、痛苦，但我把自己的这种焦虑、压力或者负面情绪都交给我先生了，所以他很了不起，他照单全收，而且还鼓励我——你能行的！你不要因此否定你的理想！在这方面我先生是我很大的一个精神包容器，所以我把很多不优雅的一面留给他了。”

杨澜毫不隐讳地说她有不优雅的地方，这也是杨澜的可爱之处。可爱的人，总是能坦诚、自信地面对自己的不可爱、不优雅、不完美，而绝不设法隐瞒。隐瞒就是误导。

从杨澜的这番话里，我们可以得出这样几点信息：（1）世上没有常胜将军，因此在常人眼里一向活得风光优雅的杨澜，不可能不经受“打击、挫折、痛苦”。（2）优雅者的不优雅，往往与“负面情绪”有关，而人有负面情绪是很正常的，人有时候表现得不优雅也是很正常的。（3）人的负面情绪也好，人的不优雅也好，都只能“丢”在自己的家里，丢给自己的配偶。（4）能够做配偶负面情绪的包容器，在配偶表现得很不优雅的时候还能接受她、安慰她、鼓励她的丈夫，才是真正的好男人。建立在这个基础上的婚姻，才能让彼此享受到更多的美满与幸福，并且让双方都能一再度过人生的危机，重新走向辉煌。

也就是说，包容了杨澜所有不优雅的那个男人，真是一个好丈夫、好男人。好就好在他懂得：家，就是让女人宣泄负面情绪、露出自己种种不优雅的地方，一个聪明有智慧的男人，就应该给妻子这样一个家；好就好在他明白：家，既是所有优雅、美德的出发点、根据地，也是所有挫折、痛苦的治疗室、疗养院，一个具有责任感、使命感的男人，就应该打造、撑起这样一个家。

有些事不能告诉女儿

在报纸上看到著名音乐人高晓松的一番话，让我想到：身为男人，有些事是不能告诉女儿的。

2011年5月因醉驾而被判入狱半年的高晓松，出狱后首次接受媒体专访。高晓松那次醉驾，导致四车相撞，四人受伤。高晓松说："幸好自己出事时车流、行人较少，否则后果恐怕更不堪设想。"访谈的后半段，话题的中心转移到了家庭上。谈及妻子和女儿，高晓松的情绪高涨了起来，不时发出爽朗的笑声。他并没有跟年幼的女儿正面说过自己酒驾入狱的事，女儿几次想去看他，他也都以"在外拍戏"等借口搪塞过去。他说，除非今后女儿遇到类似的问题，否则不会将这件事告诉她。

为什么不能将这件事告诉女儿？如果我是记者，我会这样追问一句。其实不用追问，高晓松那样说，意思也是很明白的：这种不光彩的事，在社会上造成恶劣影响的事，如果让女儿知道了，肯定会损害到自己作为一个父亲在女儿心目中的形象，肯定会降低女儿对自己的尊重、爱戴程度。同时，这也势必会影响到女儿对人生对世界的看法，进而说不定会对她的未来成长带来不可预知的负面影响。

都说女儿是父亲的掌上明珠。也就是说，在父亲的心目中，女儿既是那么的光彩照人，又是那么的美丽圣洁。光彩照人、美丽圣洁的女儿，是要有一个与之相适应的父亲形象来匹配与衬托的。也就是说，为了匹配衬托自己的掌上明珠，做父亲的，必须好好打造、完善、保持自己的美好形象，而不能把它弄得残缺不全、丑陋不堪，不然，它就会亵渎自己的宝贝女儿！

高晓松是懂得这个道理的，他也一定会为自己的行为感到后悔。然而，这种错事丑事既然已经铸成，是不可能从自己的人生经历中抹去了，万般无奈，他只能通过说假话（说自己在外拍戏）的方式，不告诉女儿，来保全自己在女儿心目中的形象了。

身为父亲，不能告诉女儿的事，除了醉驾，还有什么呢？是不是还有赌博？是不是还有吸毒？是不是还有见死不救？是不是还有临阵脱逃？是不是还有为富不仁？是不是还有无理取闹？也许，我们可以以"不能告诉女儿的事"为题，列出一个长长的清单。

不能告诉女儿的事，都是不能做的事。任何一个身为父亲者，他只要做到所有不能告诉女儿的事自己永远都不会去做，他就一定会是一个很不错的父亲，他就一定会是一个很优秀的公民。只要做到了这一点，他自然就会成为女儿的学习榜样，成为女儿的人生指南。

很多人都认为孩子是用来教育的，错！在我看来，孩子首先是用来规定自己不做错事坏事——让自己成为一个好人的。

像骆家辉那样顾家

出生在华盛顿州西雅图一个华裔家庭的骆家辉，1982年当选为华盛顿州众议员，从此踏入政坛。1996年，他赢得州长选举，成为美国历史上第一位亚裔州长。四年后，他又获得连任。奥巴马当上总统后，又提名骆家辉担任了商务部部长。一时间，骆家辉成了媒体争相报道的对象。大家在纷纷赞扬他是美国政坛一位耀眼的华裔政治明星的同时，也不忘称赞他是一个特别顾家的好男人。

在担任州长期间，为了保证和家人有相处的时间，骆家辉给自己规定，除非有特别紧要的事，每星期都要有几个晚上回家和家人共进晚餐，周末也一定要和家人团聚。为了给孩子们营造正常的生活环境，每天早上，他早起为两个上学的孩子做早餐，并准备好带到学校吃的午餐，然后才忙自己和夫人的事。他有空就自己买菜，每星期亲自下厨为家人做一两顿晚饭。每天晚上，他都尽量赶回家为孩子们读书，等他们睡着后再忙自己的工作。

他不仅与夫人分担家务，更不忘随时沟通感情。即使吵架，也要讲道理，从不带着别扭过夜。2001年7月21日上午9时，骆家辉又做出了一个令美国人吃惊的决定。他在一份声明中说："在经过反复思考并与家人认真讨论后，我决定不再寻求第三度担任华盛顿州州长的机会。虽然我深爱着华盛顿州，但我想有更多的时间可以和妻子李蒙、女儿艾米莉及儿子迪伦在一起。担任州长是非常重要的工作，但对我来说，做一个好丈夫和好父亲同样重要。"

在中国，当了那么大的官还能像骆家辉那样顾家的男人，不多，甚至可以说极少。这并不是说中国的男人一旦当了官就不顾家了，不，中国男人当了官之后照样是顾家的，只不过他们顾家的方式跟骆家辉大不相同。对于家务事，中国的男人一旦做了官，就会让自己的司机、秘书及别的下属来帮着做，而他自己则成了太上皇。对于孩子，他们喜欢做的是让孩子享受种种别的孩子享受不到的特权。他们以为这样做，就是最好的顾家。

不同的顾家方式，自然会产生不同的结果。像骆家辉那样顾家，孩子能够健康的成长，妻子则能够拥有安全的、长久的美满家庭。而像某些中国男人那样顾家，孩子很容易成为不学无术、无法无天的纨绔子弟，妻子很容易因为怕出事而坐卧不宁、胆战心惊，一旦出了事又很容易陷入身败名裂、无颜见人的痛苦境地。可以说，像某些中国男人那样顾家，那实际上是在害家，败家，毁家。在中国，有相当多的做过官的男人，都是这样把家毁掉的。

从某种意义上说，顾家是男人的天性。但是怎样顾家才是真正意义上的顾家？我觉得像骆家辉那样就是真正意义上的顾家，就是在法规之内、职权之外表达对家庭成员的关爱，就是用远离肮脏与邪恶的方式为家庭培植起长久的安宁与幸福。

女性花园

女人的男同学

女人的安宁，常常被自己的男同学打破。那些男同学，毕业后本来像一把沙子一样撒了出去，湮没在社会的草木深处，好多年都听不到一点声响。可是有一天，就在女人相夫教子日子过得风平浪静的时候，却有男同学从哪里冒了出来。呵，昔日那貌不惊人的小沙子，现在已经变成了足可在女人的心底里激起层层波涛的大石头。

女人的男同学，哪怕是混得再栽的时候，心里也有一个梦想：希望总有那么一天，能够石破天惊地出现在自己的女同学面前。特别是那些读书时不论怎样出洋相、怎样做恶作剧都不能被女同学刮目相看、另眼相待的男同学，更是把这个梦想暗自揣得紧紧的，更是会在自己功成名就之后，使出种种手段去骚扰说不定早已将自己忘得干干净净的女同学。

说是“骚扰”，也只不过是打打电话、发发短信，逢年过节时问候一下罢了。当然也有制造了种种机会，专程到女同学所在的城市去“出差”的，想方设法地约了女同学出来共进晚餐，或者共赴歌舞厅。男同学如此“骚扰”的目的，说来也很简单：过去对自己青睐有加的，现在要叫她认识到她没看错人；过去对自己不屑一顾的，现在要叫她认识到她当初看走了眼——哪怕只在心里面承认她看错了也行。

男同学现在真正看重的、真正想占领的，其实就剩下女同学的那一颗“心”了。女人嘛，没有几个是经得起老的，等到男同学好不容易熬到功成名就的那一天，昔日清纯无比、靓丽无比的女同学，一个个都是徐娘半老、人老珠黄了。人老了没关系，只要能在她的心里重新“刷新”自己的地位就行。男人含辛茹苦、卧薪尝胆奋斗那么多年，为的不就是一个“地位”嘛——特别是在曾经朝夕相处过、曾经让自己朝思暮想甚至想入非非的女同学心目中的地位。

为了“刷新”在女同学心目中的地位，男同学就要百般地显示自己的奋斗成果了。发了大财的，要显示自己的挥金如土、气度非凡（哪怕那气度在别人眼里很可笑）；当了大官的，要显示自己的呼风唤雨、威力无穷（哪怕违法乱纪也在所不惜）；出了大名的，要显示自己的累累硕果、赫赫声名（哪怕别人假装着很感兴趣）。男同学如此显示的结果，当然是很容易就在女同学那里享有崇高的地位了，但同时，也容易把女同学的心理平衡给打破了。再到夜深人静时，辗转反侧怎么也睡不着的女同学，借着从窗外透进来的朦胧月光，再看看睡在自己旁边的那个“臭男人”，就怎么看怎么不顺眼了。

所以说，女人要想活得幸福而安宁，就得所有的男同学都活得平庸而没出息——从小学的到初中的，从高中的到大学的，全都在历史的长河中被大浪淘沙淘了去。但是这种情况，可能性小得可以忽略不计。女人的存在，本身就会产生一种绵绵不绝的动力，让她们的男同学们去无休止地追求与奋斗。只要她们存在着，总有男同学会搏到出头的那一天。

当然，更多的女人也只是在内心深处动荡了那么几下，就让自己的生活回归正常了。毕竟，自己身边的这个男人，才是给自己的爱最多的人，才是可以执子之手、白头偕老的人。至于男同学的大富大贵，唉，欣赏一下就行了呗。这个世界上，该有多少东西是用来欣赏而不是用来拥有的。当然，有些大富大贵的男同学，也是用来笑话的——比如，赚了昧心钱的大款破了产，贪了污的官员坐了牢。

女人的头发

电视广告里女人的头发像孔雀开屏似的激动人心。那回头一笑，更是百媚生，撩拨得人按捺不住，而又徒唤奈何。确实很美，很迷人。同是头发，长在女人头上就是不一样。长在女人头上就能变成美丽的魔——千变万化，千姿百态，直把个女人装点衬托得千娇百媚。

谁说女人是头发长见识短呢？女人是头发长魅力强啊！我赞美我的妻子就是从头发开始。那是我们从不同的地方走到一起读职校的时候，她恰好坐在我的前面，她的发头恰好又长又黑，自然就漂亮，我便没有心思好好听课，我便情不自禁、不由自主地写诗赞美起她的头发来。那首诗，足足写了好几百行！不知不觉地，她的长发就把我的心给勾走了。

我想犯我这种“错误”的男人一定很多很多。爱女人不是先从她的心爱起，更不是先从她的思想爱起，而是先从她的头发爱起！说起来这简直有点不可思议，但仔细一想又觉得合情合理——不是说女为悦己者容吗？女人在意中人面前是特别会用自己的头发传情达意的。老是把自己的头发梳理得很美很漂亮，老是在你面前玩“孔雀开屏”的鬼把戏，老是在你面前低着头用手指头绞玩着自己的发梢，自然而然地就迷住了你的眼睛，自然而然地就勾住了你的魂魄，自然而然地就拥有了你的爱情。我这样一说就像是我的妻子先爱上我似的。她肯定不承认。承不承认也没关系，我在这里只想说明女人的头发是能传情达意的，是能在传情达意中立下赫赫战功的。

女人的头发真是了不起，也真是很重要。也许正因如此，女人才是那样爱惜和珍视自己的头发，有的甚至到了“头发不美毋宁死”的地步。我最近就看到一则这方面的报道，说埃及有一位妇女，仅仅在染发效果不佳的情况下，就气得一口喝掉染发剂，提前结束了自己的生命。这件事让我目瞪口呆、欷歔感叹了好半天。

女人的头发再重要，但总不能比生命更重要。

女人的春光

夏末秋初的一天，武汉市的一对情侣正打着伞在街边悠闲漫步。“啊！怎么搞的？”随着女孩的一声尖叫，只见一辆小轿车飞驰而过，地上积的污水随着车轮猛然辗过，一下子飞溅到女孩的身上。女孩低头一看，裙子被淋得透湿，裙子里面的风光，一下子都透了出来。街边很多人“刷”地一下子，全把目光集中到她身上。

女孩急得一下子捂住自己的脸，男孩倒还机灵，他不仅赶紧脱下外衣给女友披上遮羞，而且随即拦下一辆的士就追上去，将那辆小轿车拦截，向司机讨要“走光费”。他的理由是：“那么多的人都朝我女友身上看，你想想这会让她多难堪，她的心里肯定会为此受到伤害，这个精神损失费，你一定得做出赔偿！”呵，这个小伙子不仅反应神速，而且也反应得很到位。

对呀，“难堪”是一种心理活动，是一种让人精神上受到伤害的心理活动。这样的心理活动，谁造成的，谁就得承担一定的责任。报纸上说，经过民警调解，司机只好当面向那对情侣道歉，并赔偿损失100元。

还有一位年轻的女子，在某商场买衣服时，因为试衣间的门不牢靠而被店员碰开，她正好脱下自己穿的衣服，她光光的身体一下子就被其他顾客看到了，她也因此向该商场索要了300元的“走光费”。

公民如此敢于、乐于索要“走光费”了，在我看来，这是我们国家的一种可贵的进步。毕竟，现代人的“春光”，属于现代人的“私有财产”，并且是可以用某种经济尺度来换算的。你看那些明星，故意在舞台上换衣服，故意走一点春光给观众看，甚至故意在表演的过程中只穿一点点衣服，有意露出大片大片的春光给观众看，那一瞬间的春光该值多少钱啊！那些钱都是含在门票里面的。

正因为春光是值钱的，各大网站都把明星们、模特们的走光照露光照，制作成了图片专辑和幻灯集锦，放在首页非常显眼的位置，让人们掏出大把大把的上网费来欣赏。或许，在某些人那里，现代人的春光就是被当作某种“产业”来做的，当作某种“资源”来开发的。那些影视歌星还有体育明星，一旦出名就拍“写真”集——让自己的春光搭上自己名气的快车大赚其钱，是不是也属于这类开发呢？

自己开发自己的春光资源当然没有错，但如果是暗中偷拍了别人的春光——通过不正当的手段去“开发”、利用别人的春光来大赚其钱呢？那就不仅卑鄙下流，而且也是可以依法追究其法律责任的。哪怕只是一个很意外的动作，造成他人的春光被别人非法“猎取”了、免费享受了，你也得为此承担某种责任。

也正是在这种形势下，不少普通公民都学会了依法保护自己的“春光”——谁让我的身体在我不自愿的情况下走了光，谁就得付费。

女人的宠物

我们院子里有两个小女孩，晚饭后常常用一个小篮子，提着她们养的宠物到草地里，让它们透透气，吃点新鲜的草叶。

你猜她们养的是什么宠物？是小鸡。是她们缠着大人买的，她们已经把它们从乒乓球那么大一点点，养到拳头那么大了。当女儿将此事“报告”给我的时候，当我在草地上亲眼看见她们提着小鸡玩耍的时候，我是感到多么的新鲜啊！

我不知道她们何以要这样做——是真的有一种亲近动物、亲近自然的需要？我只知道现在养宠物的女人是越来越多了。就是在我们这个内地小城市里，牵着抱着宠物“招摇过市”的女郎，早已叫人们司空见惯习以为常了。

据说许多女人侍候宠物，比侍候自己年迈的双亲还要精心周到。在这一点上，她们可是很会赶西方女人的“潮流”。前不久我在香港的一家报纸上看到一幅照片：一个西方的妙龄女子，竟然把水含在嘴里，让她的宠物鼠把头钻进她的口腔里喝水。连她的家人都说她这样做“恶心”。我希望中国的女人们，无论怎样爱宠物，也不要爱到如此恶心的地步。

问题是现在就已经爱得不大正常了。最近我的一位熟人给我讲了这样一件事：一个养宠物的女子，自己喜欢带着宠物出去潇洒，但不喜欢亲手做那些喂宠物的事，她把这个“光荣”的任务，交给她的丈夫了。丈夫一天到晚服侍宠物，宠物却恩将仇报，在他的脚上狠狠咬了一口。丈夫的好脾气终于变成了坏脾气，一气之下就要把宠物赶出家门。可他的妻子竟然说："你连一个小狗都容不下，你还容得下我和孩子吗？"（你看现在的女人多会说）丈夫也反问她："在你心目中，是你的丈夫地位高还是你的宠物地位高？"（真是好样的）两人很快就君子动口又动手了。

你看，女人的宠物真的会制造家庭矛盾！

在西方国家，有些女人是只爱宠物不爱丈夫的。我也就希望咱们中国的女同胞们，还是不要去学人家这个毛病。丈夫不好，可以离婚再换一个，而不能弄一个宠物回来，让丈夫看着眼红和难受。

中国的女人是世界上最聪明的女人，我相信中国的女人在养宠物这件事上是可以掌握好一个度的，是绝对不会把宠物宠到天上去的。

况且，女人养宠物，有对腹中小宝宝造成先天性缺陷的危险。据一家媒体报道，武汉的一位妇女，就是因为养猫养狗，结果产下一个先天性腹裂畸形儿。有关专家也就呼吁：女性养宠物，要慎之又慎——特别是孕妇！

从报纸上看到这样一条消息：一个19岁的女孩子，到别人家里玩，一下子就喜欢上了别人家里的宠物小狗，于是就抱到怀里去亲。结果呢，那个不识"抬举"的小狗，居然把这个女孩子的上嘴唇咬掉了三分之一！

我立刻就对自己的女儿说：到别人家里玩，千万不要去逗别人家的小狗！

女人的珠宝

姐姐用来装珠宝的保险柜被人偷去，保险柜找到了，里面的珠宝却被盗走。这事会是谁干的呢？谁也没想到，这事竟然是姐姐的妹妹指使他人干的。被抓走的妹妹告诉警察："她总是在我面前炫耀她有多少珠宝，她一点也不顾及我的感受。"

这件事，让人看出某些女人对于珠宝的一般态度：一方面，要把珠宝藏在最为保险的地方；另一方面，会情不自禁地在别人面前炫耀自己的珠宝。

将珠宝佩戴在身体和衣服的某些部位来炫耀，不喜欢这种炫耀的人可以视而不见。如果是将珠宝挂在嘴上炫耀呢？别人就很难逃避。逃避不了，又实在是觉得痛苦不堪，那心态就会扭曲，情感就会变异，哪怕是亲生姐妹，时间久了也会生出歹意、恶念来。

女人的珠宝既是财富的象征，也是身价的象征。珠宝的这种特性，很容易给人以误导——让许多肤浅的女人，一旦拥有了足够的珠宝，就以为自己是个多么高贵多么有身价的人。

而这种纯粹是建立在珠宝上的高贵与身价，最易伤人。而且伤起人来，连亲妹妹都不放过。遗憾的是，再好的友情，再亲的亲情，在伤人的珠宝面前，往往会变得非常脆弱。指使人去偷盗亲姐姐的珠宝，也是脆弱的表现之一。

好在也有足够多的女人，更善于用学识、修养、能力来体现自己的高贵与身价。对于这样的女人来说，珠宝只会增加她们的光彩，而不会增加她们的杀气——只会让她们变得更加可爱与可敬，而不会让她们变得更加可憎与恐怖。

这样的女人，无论如何都不会把珠宝挂在嘴上来炫耀。这样的女人，倒很有可能在她认为必要的时候，毫不吝惜地将自己的珠宝变成情，变成爱，去温暖、帮助自己的亲人和朋友——甚至是素不相识的人。

女人的珠宝，不仅可以用来衬托自己的美貌，而且更可以用来垫高自己的人品。用珠宝来垫高自己人品的人，显然是把自己的人品放在珠宝之上，显然懂得人品的光彩远胜过珠宝的光彩，显然懂得决定人的高度与价值的是人品而非珠宝。

古往今来，珠宝带给女人的故事，不是可悲可叹，就是可歌可泣。

真心希望，所有拥有珠宝的女人，在让人看见她的珠宝的时候，也一定能让人看见她的修养与人品——她的珠宝，总是在那里默默地与她的修养与人品交相辉映。

女人的内涵

一个干粗活的女人，年龄已到了五十多岁，竟然那么地注重内涵。为了让自己变得有内涵，她竟然把那么多的时间都拿去听讲座、读书。这样的女人，你会觉得她可笑吗？

这个女人名叫周凤琴，是华中科技大学的一名公寓管理员。

据周凤琴介绍，自从知道华科大有“人文讲座”之后，她便萌发了去听讲座的欲望。她定期去看楼道门口公告板上粘贴的讲座信息，一旦没有值班任务，便去听讲座。即使下雨下雪，也非去不可。她听讲座越来越上瘾，还曾托人预定名人白岩松、余秋雨、于丹等的讲座门票。

华科大的同学们，常常可以见到这位年过半百的“老学生”，自备板凳，坐在第一排，一边听讲座一边不停地作着笔记。有时她也会向主讲人提问，和周围的同学交流。她一点也不在意自己混在一群风华正茂的学生中间，显得是那么另类，甚至是那么“扎眼”。

是啊，看重内涵的人，通常都比较自信。周凤琴眼睛盯着的，只会是讲座的人在讲些什么，而不会是别的什么。

在周凤琴简陋的宿舍里，随处可见码放整齐的书籍。这些书有的是周凤琴自己买的，有的是同学送的，还有她用书本、水果和同学交换来的。她告诉记者，无论从事什么工作，都要“跟紧时代的步伐”，“不断接受新思想”。“自己作为楼栋管理员和大学生们交流，更是需要提升自己的内涵。”

“内涵”是什么？不论你怎样理解内涵，内涵的内核里，一定要有紧跟时代步伐的新思想，并由此散发出令人着迷的知性与智慧的光彩。女人的内涵，当然要能体现女人的内在美。女人的内在美，往往就是由这种体现着时代新思想的知性与智慧的迷人光彩来展现的。

从2005年至今，周凤琴已经听过186场人文讲座。她说她退休后，还会来听讲座。也就是说，虽然那时候她不用跟大学生们打交道了，但她仍然认为她有继续提升内涵的必要。在周凤琴看来，一个女人让自己活得有内涵，这不仅与她的工作无关，而且也与她的年龄无关。

面对着这样一个年过半百，却依然利用业余时间听讲座、注重提升内涵的楼栋管理员，学生们都直呼“敬佩”。她的事迹见报后，人们也纷纷为之发出感叹——说喜欢听讲座的她，实际是在给无数人“上课”。她告诉人们：女人无论干的是什么工作，无论活到多大岁数，都必须想方设法地提升自己的内涵——这既是对社会的最大爱护，也是对自己的最好爱护。

“温柔”与“杀气”

“两位表面上很温柔的女人，骨子里杀气重重。”这两位表面上很温柔的女人，一个是谢军，一个是加里亚莫娃。两个人为争夺国际象棋冠军，表面上面含微笑，比赛前还要握手致意，可一到了棋盘上，她们就杀得令所有观棋的人惊心动魄，手心里都捏着一把汗。

一位记者也就在文章里这样评述她们：“两个表面上很温柔的女人，骨子里杀气重重。”我也就觉得这位记者的话说得还挺有意思。只是仔细一想，现在有多少女人不是表面上很温柔，而骨子里却是杀气重重的呢？那种表面上很温柔骨子里也很温柔的女人，我们还能找出多少个来呢？

无疑，男人都喜欢表面上很温柔骨子里也很温柔的女人，只是什么东西一得到男人的喜欢，什么东西就要饱受男人的摧残和伤害——自然包括女人。不然也不会有那么多的女人，会骂“男人没有一个好东西”！

女人既要得到男人的喜欢，又要抗击男人的摧残和伤害，女人就得让骨子的温柔变成杀气——只把脸上的温柔留着做装饰，做诱饵，做广告，甚至做陷阱。当然，有些女人不是这样变的，有些女人变得表面上杀气重重，而骨子里却很温柔。这种女人，不知道什么样的男人享受得起？

这样变的女人显然是非常愚蠢的，不，应该说是非常不幸的。骨子里很温柔表面上杀气重重的女人，迟早都会被时代的进步淘汰掉。什么是时代的进步？时代的进步就意味着表面上越来越礼貌，越来越周到，但骨子里的竞争却是越来越激烈，越来越冷酷。这就逼得人们——包括男人和女人，纷纷变得刚柔相济，外柔内刚。外面柔得千娇百媚，笑容可掬，骨子里却刚得寒光闪闪，杀气重重。比起女人来，男人早就变成了“嘴里喊哥哥，手里摸家伙”。

“别看大城市里人们说起话来斯斯文文细声细气的，那些大酒店大宾馆，你还没走进去就有人望着你笑得甜蜜蜜的，可是只要你一露出你的穷酸相来，露出你空瘪瘪的腰包来，他们立刻就对你不客气了，恨不得一脚把你踢得远远的。”一位乡下朋友曾经跟我这样说他的感受。你看，领导时代潮流的大城市，表面上的温柔与骨子里的刻薄是多么鲜明。

我的一位闯荡过欧洲的朋友也有这种感受。他说口口声声人权呀自由呀博爱呀的欧洲人（表面上温柔得不得了），对来自穷小国家的移民可是非常轻视、冷漠的。“平等？他们才不跟你讲什么平等呢。同样是亚洲人，他们见了日本人韩国人就客气多了，见了中国人就狗眼看人低了！”不过，这位朋友又说：“这些年中国国力强盛一些了，他们又恐慌了，又说中国对他们产生威胁了，又想联合起来阻止中国的进步了——你看，原来他们总说希望你进步，希望你繁荣，可你真的有一点进步繁荣的味道了，他们又要对你露出另一副凶相来了。”

看来不论是国与国之间，还是人与人之间，只有当大家都有内在的实力和“杀气”了，大家才能享受到来自彼此的温柔。如果谢军只有表面上的温柔，而没有骨子里的重重杀气，那她连坐到比赛桌前的资格都不会有。

下棋是如此，干别的何尝不是如此！

受法律保护的吻，很值钱

以色列的一个女兵，被人非法吻了一下，结果得到3500美元的赔偿。“这个吻，可真是很值钱啦！要是在我们国家，被别人强行接吻也能这么值钱就好了！”我的一个朋友说。

吻那名女兵的是以色列的前任司法部部长。据媒体报道，2006年7月12日，一名即将结束在总理办公厅服役生活的18岁女兵正与自己的同事告别，她请求时任司法部部长的拉蒙为她们拍照留念，后者同意了，而且与这名姑娘合影，一时冲动吻了她。女兵认为部长“不友好地、强行”吻了她，甚至把舌头伸进了自己嘴里，随后提出控诉。有关部门当即展开调查，当年8月对司法部部长拉蒙展开了刑事案件调查，最后提起了相应指控，拉蒙随后递交了辞呈。

拉蒙出庭时，并未否认自己吻了被告，但却辩解称自己当时受到了对方的挑逗，一时冲动。法庭对此辩解不予支持，认为当时年仅18岁的姑娘不可能主动勾引56岁的已婚男子，最后裁定拉蒙性骚扰事实成立，判处被告从事120小时的社会工作，向被告赔偿精神损失费1.5万谢克尔（约合3500美元）。

是呀，人家一个18岁的姑娘，会主动勾引你一个56岁的已婚男子？以色列法官的这种“认定”，真是太重要了。他们并不因为原告是一个18岁的无职无权的小兵，就站在司法部部长的立场上说话。在法律面前，根本就没有

"小兵"与"司法部长"之分。我想，正是有了这种"法律面前人人平等"的意识和办理案件的法官依法办事的信念，那个18岁的小兵才有状告司法部部长的底气。

是呀，既然这个女兵不是"主动勾引"司法部部长的，那司法部部长吻人家就是强行的，就是违背人家的意愿的，自然也是越过了法律的界线的。既然越过了法律的界线，那就不是一个吻的问题了。一个人敢于越过法律的界线去强行吻别人，那他就是无视别人应受法律保护的人格尊严与合法权益，就是侵犯了别人受法律保护的人格尊严与合法权益。

完全可以说，所有受法律保护的吻都很值钱，因为所有受法律保护的吻，都是一个人的人格尊严和合法权益的一部分，都是神圣不可侵犯的。但是，要真正做到所有受到法律保护的吻都很值钱，就必须真正建设一个法律面前人人平等的社会，就必须存在一个哪怕是一个小兵也敢状告司法部部长的法制环境。

这样的一个环境怎么才能建设得出来？我想，在建设这样一个环境的过程中，只要有谁敢于拿起法律的武器，将那些越过法律的界线来侵犯自己的美貌的人送上法庭，我们就得为她叫好、鼓掌，我们就得把她当作英雄来尊敬。只有这样的人多起来，保护公民合法权利的法律才不会只是停留在纸上。

再美的女人，一生病就不美了

我的一位喜欢开玩笑的朋友，最近因腿部意外受伤住进医院。住在医院他还是喜欢开玩笑。有一次，他笑着跟来查房的医生说：“你们医院什么都好，就是没有美女病人。”那位医生笑着问他：“说说看，你在哪里见到过美女病人？”正在我的朋友转着眼球想的时候，医生又说：“我可以告诉你的是，不仅我们医院里没有美女病人，而且任何一所医院里，都没有美女病人。为什么？因为再美的女人，一生病就不美了。”

我的朋友听了，连连点头。

“是啊，女人一生病，脸色就不好，精神也不好，表情也不会好——不是皱着眉，就是咧着嘴，自然，头发也不会有光泽，眼睛里也会装满了痛苦和哀怨，走路不是扶着墙就是扶着腰，这样的女人，就是长得再美，这种情况下也是美不起来的，甚至还要被人看成丑女。”我的朋友跟我说，接着又说：“其实我们在大街上看见许多美女，她们好多都是化妆化出来的。如果卸了妆，她们看起来一点也不美，因为她们不健康啊！有些女孩子不懂得健康就是美的道理，不是拼命地减肥，就是拼命地熬夜，她们真的是在犯傻啊！”

我认为那个医生的“世上没有美女病人”的论断很有价值。想想看，为什么女孩子几乎每个看起来都很美？因为她们那时候身上没病，她们健康啊！为什么有的女人到了四五十岁了看起来仍然很美？因为她们很注意养生，很注意保养，岁月没有带走她们身上的健康啊！

我的这个朋友立刻说：“是啊是啊，我在美国见过一位八十多岁的老太太，她给人的感觉非常舒服。你一点也感觉不到她的老，反而觉得她看起来很迷人，她周身都洋溢着一种健康的气息，还有一种超凡脱俗的气息！这种超凡脱俗很重要，这说明她没有把社会上的一些病态的东西沾染到身上来。”

我说是的，女人身上的健康美，是要包括她的心态美与精神美的。心态和精神虽然是看不见的，但它们在一个人身上形成的气质美，却是特别能征服人的。为什么许多美女年龄稍稍一大看上去就不美了？因为她的身上沾染上了很多庸俗的丑恶的东西——她们的心态和精神被污染了。她们一开口说话，她们的语言之粗俗，神态之丑陋，就会让她们的肉体上的美大打折扣。等到年龄把她肉体上的美带走之后，这种女人就会丑得让任何人都会敬而远之了。

朋友接着说："实际上，那些注意保养自己的精神美的女人，也是非常注意保养自己的肉体美的——她们会通过各种各样的锻炼，保持自己的那种肌体美的体态。"

美女来自健康，向健康要美女。美女不衰的秘密在于长久地保持健康。这里说的健康，是身体上不生病，精神上也不生病。那位医生说的"再美的女人，一生病就不美了"，真是意味深长。

说话更要像新娘子

"我昨天拍的一个新娘子，那可真是漂亮啊！""我这次拍的一个新娘子，那身材可真是标致啊！""今天的那个新娘子，她一出现，立刻就把所有人的目光给吸引住了！"刚开始的时候，我的一位开婚庆公司的朋友，老是喜欢跟我谈论他拍摄的新娘子，那是他刚把公司办起来的时候。时间一长，他就不再跟我谈论新娘子了。"是不是新娘子看多了，已经习以为常了？"我笑着问他。"不，是那些新娘子一说话就不像新娘子，她们的那种外表美，已经让我提不起兴趣了。"

"怎么一说话就不像新娘子了呢？"我又笑着问。

他想了想说："在我看来，新娘子嘛，她说的话，应该也是很好听的啊，是应该和她外表上的那种精心打扮的美相适应的啊，应该多多少少让人觉得她说的话是出自新娘子之口的啊。可是，我见到的那些新娘子，说起话来，不仅没有新娘子应有的娇羞之美，而且也没有新婚大喜的礼仪之美。特别是有些新娘子，出语不仅太土，而且也太粗俗，用词上，更是没有个起码的讲究，单从声音上听，无论如何也让人听不出她们就是新娘子。”

我的这个颇有人文修养的朋友，这些年拍摄过的新娘子至少有几百个了，他的这个观察，他的这个看法，应该说是具有普遍意义的。

我想，新娘子之所以要在结婚的那一天，把自己打扮得非同寻常的漂亮与美丽，其目的就是要让自己在这人生最有意义的一天，以尽可能美好的形象出现，从而给各位亲朋、各位来宾留下最美的印象。但是，新娘子都应该知道，人的形象除了外表形象，还有言语形象。

新娘子只想着打扮自己的外表形象，而不想着“打扮”自己的言语形象，那肯定是犯了一个顾此失彼的错误。从某种意义上讲，言语形象比外表形象更重要。因为人的言语形象，往往能够更真实更直接地代表一个人的修养与素质，也能更准确更鲜明地反映出一个人的心灵与品质。

新娘子的外表形象，一夜之间就可打扮出来，但新娘子的言语形象呢？那可是必须用很长的时间才能“打扮”得出来的。人的外表形象容易打扮也容易消失，而不容易打扮的言语形象，它一旦被“打扮”出来，就可以让人受益终生。那些有着美好言语形象的新娘子，她们不仅在结婚当天很迷人，而且在整个蜜月里也很迷人，只要注意保持，她们的一生都会很迷人。

所有的新娘子在成为新娘子之前，最好都能用尽可能多尽可能好的学识、修养、美德来打扮好自己的言语形象。新娘子的魅力包括所有美女的魅力，不仅要做到令人百看不厌，也要叫人百听不厌。

打造好你的声音魅力

“老婆，我爱你！”“我想娶你！”深圳宝安区一名痴男，自前年起不断拨打110报警电话，狂说肉麻情话骚扰接线女警。他最近更是变本加厉，短短半年内已致电一万二千三百多次。该名痴男最终把公安部门惹烦了，被警察抓获。

这个痴男该怎么说呢？他说是因接线女警声音听起来太甜美了，以致他听了一回还想听第二回，听了第二回还想听第三回，以至于“拨电话报警成瘾”。如此痴男，痴到这个地步，倒是给我们的社会增添了一个有趣的笑料。

这件事也告诉我们：任何一个异性，只要她的声音足够甜美，她就能让自己拥有强大且经久不息的声音魅力。

这种甜美声音产生的魅力，有时候甚至可打败美貌产生的魅力。我的一个熟人，当他终于把“转正”的婚外情人带到朋友们面前时，大家立刻在心里摇头：她远不如他的前妻漂亮！但是当她开口说话时，大家立刻就明白了：听她的声音，那是一种多么美妙而宝贵的享受啊！

人的美貌，看的时间长了，会让人产生视觉疲劳，最后甚至会让人习以为常，麻木到熟视无睹的地步。更何况，人的美貌会随着年龄的增长，不断衰减。

而甜美可人的声音作用对象是人的内心，它能带给心灵愉悦和享受，一旦在人的心灵中生根发芽，就会慢慢长成一棵越来越美丽的大树，它形成的独特魅力，自然也会经久不衰。那些以声音之魅力示人的人，大多都是越老越真醇，越老越能展现出气质的光华，越老越能独成风景！

一个人的声音是否甜美，固然有着一定程度的先天因素，但当一个美少女被世俗熏陶成一个泼妇，哪怕她的声音曾经甜美醉人，到了这时候，她一开口也会让人退避三舍。一个人的甜美声音，既可以与生俱来，也可以半途而废。一个人，要想把自己的甜美声音长期保持住，就得自觉去抵制世俗的熏染、摧残，就得用人类最优秀的文明结晶，最鲜活的文化食粮，不断地精心培植它、养育它。

老实说，我也是一个痴迷甜美声音的人。有时候接到一个声音甜美者的电话，放下电话好久了，我还深深地的沉浸在里面。只是，我不会因此而去骚扰任何一个人。我不会傻到让警察上门“拜访”，用警车把自己接走的地步。

女人的“狂放美”也是一种标志

作为一个球迷，我常常上网看看有关欧洲杯的消息，但不论上到哪一个网站，那些举止特别狂放的女球迷的图片，都会“冲上来”一下子抓住我的视线。小组赛刚结束时，有个网站就推出了“小组赛女球迷盘点”系列图片，平时惜时如金的我，居然非常耐心地把它们一一点开看了，呵，竟然有60页之多！另一个网站，则推出了“女色欧洲杯”，每天都有新的图片贴出来。还有一个网站推出了“欧洲杯16国顶级美女大盘点”……

那些女球迷也真是狂放啊！她们或者是脸上画着国旗，或者是嘴唇上画着国旗，或者是胸脯上画着国旗，或者是小肚皮上画着国旗；她们自然是露着胸，露着腹，露着小肚子，露着整片的后背，露出整条腿；有的女球迷身上什么都没穿——只穿着几小片彩绘。她们那种手舞足蹈的神态、载歌载舞的神态、如痴如醉的神态、无拘无束的神态，就像一轮轮光芒四射的太阳，将她们的欢乐和盘托出，将她们的深情和盘托出，将她们的个性和盘托出，将她们的自由和盘托出，将她们的美丽和盘托出，也将她们的性感和盘托出！

“真是太美了，太美了！真是要感谢给我们提供这些养眼图片的人！真是要感谢这些老老少少的欧洲女人们！”“我承认，因为这些美女们的表现，我更加喜欢看欧洲杯了！”“你看人家外国人，多热情！多活泼！多狂热！”“不知道哪年哪月，在中国也能看到这么美丽的风景？”“真的与中国女球迷不一样啊！中国的女球迷还是太含蓄了啊！”网友们在后面跟帖说。当然，也有人跟帖说：“我还是喜欢中国女人的含蓄美。”

我的想法是，我也觉得中国女人的含蓄很美。但如果一个国家的女人都是清一色的含蓄，都只能清一色地表现含蓄美，而表现不出那种无拘无束、个性张扬的狂放美，那么这种含蓄也是有问题的。含蓄不能是一种受束缚的代名词；含蓄美不能是个性与自由受到束缚的产物。女人的含蓄美，无论如何不能来自精神上、文化上的束缚。但是几千年来，中国女人受到精神上、文化上的束缚是根深蒂固的。或许可以说，她们的含蓄都是被束缚成那个样子的，被驯化成那个样子的。

当然，现在的中国女人，已经从“笑不露齿”之类的束缚里解放出来了。现在的中国女人，已经有些活泼，有些个性了。但跟欧洲的那些女人比起来，中国女人还缺少那种将自己的爱与快乐和盘托出、任意表达、尽情挥洒的狂放美。任何一个人只要不犯法，都应该有权利将自己的爱与快乐和盘托出、任意表达、尽情挥洒，而不必看某些人的脸色行事，不必有冒犯了谁的信条的顾忌。

中国女人含蓄美太多，狂放美太少，这说明中国女人的心灵上还是有某种阴影存在的，她们的思想必须继续冲破许多无形的束缚。或许可以说，一个国家有多少女人敢于并乐于表现出自己的狂放美，那也是一种标志——标志着一个国家的思想解放程度，标志着一个国家的文明发展程度。

女人的清纯像条河

见面的时候觉得她挺清纯，于是当即表态确定恋爱关系，并且很快就在她身上花了七八万——又是塞钱，又是买东西。可是有一天，他接到她前男友的一封信，又觉得她不清纯了，于是要她把钱都退回来。可以说，他的那些钱都是冲着她的清纯去的，他当初爱上的不是她的人，而是她的清纯。

女人的清纯真是脆弱！别人的一封信就能让它荡然无存。俗话说眼见为实，耳听为虚，他连自己的眼睛也信不过了。但那个女人的清纯，还是在她身上清纯着，它只是在他这个人的心里荡然无存了。真不知道他的那一颗心，是怎么理解清纯的。难道在他心里，女人的清纯就不能建立在丰富的人生经历之上？或者说，女人有过前男友、前夫，就不再有清纯了？

有些人认为，女人只有在感情生活上处在一张白纸的状态，那才叫清纯。可我不这样认为。在我看来，一个女人有了丰富的人生经历之后，哪怕她的经历中包含着非同寻常的大苦大难、大屈大辱、大悲大喜，但她如果仍然能够很好地把自己身上的清纯保持住，她仍然能给这个世界带来清纯的美感享受，那么，她身上的这种清纯反而更显珍贵，更有价值，更值得珍爱。

女人身上的清纯，不应是一碗水的静止，而应是一条流动着的河的清澈。就像一条河，如果它流过了那么多的曲折与坎坷，流过了那么多的枯枝与败叶，流过了那么多的悬崖与峭壁，但它还能以自己的清澈示人，还能以自己的清澈迷人，还能以自己的清澈养人，这样的清澈难道不是更美、更可爱吗？

那种把清纯视为一张白纸的男人，于他而言，脆弱的不是女人的清纯，而是他的那颗承受不住清纯之丰富、享受不了清纯之珍贵的心。

女人自己也要坚信，女人的清纯既不是一张白纸的产物，也不是朦胧无知的产物，同时也不是步步为营、处处设防的产物；女人的清纯，永远都来自心灵的自由、精神的独立、见识的卓越，永远都需要丰富的经历、先进的知识、宝贵的智慧来浇灌。

女人让自己活得清纯，首先是因为自己需要清纯——需要自己不断地去掉心灵上的杂质、精神上的污染、情感上的庸俗，从而让自己活出更好的生命质量，也活出更精粹、更透亮、更芬芳的女人味。

美容师的皮肤

我的一位朋友的妻子说她怎么也没想到，她的一位读小学时成绩很平常的女同学，居然因为开了一家美容店，成了一位拥有存款达几十万的“富婆”。说起来是“富婆”，可她那身打扮让你无论如何也看不出一丝“婆”的痕迹，脸上的皮肤更是保养得赛过细皮嫩肉的水萝卜。朋友的妻子和她的那些女同学们，自然对她——已经成了这个中等城市颇有名气的“美容师”刮目相看。

朋友的妻子也就拥有了一张那位美容师给的“优惠券”。据说，凭着它每次可以优惠百分之三十。而且，朋友的妻子每次去做面部保养时，她的那位女同学都亲自为她提供特别精致细微的服务。朋友妻子的面部皮肤，也渐渐地变得白皙起来，并且显得颇有光泽与弹性，以致回老家过年的时候，一家老小都夸她“一下子年轻了好几岁”，“看起来只有三十几岁的样子”。实际上，朋友的妻子已经四十出头了。

说得朋友的妻子满心欢喜，过了年回来，她就好好地弄了一桌子菜，把那位美容师一家请来做客。自然也请了她的那些相好的女同学作陪。席间，看得出来，美容师的那位在某个局机关当“小科长”的丈夫对她非常呵护。朋友的妻子拣了一筷子她认为好的菜到她碗里，她只稍稍看了丈夫一眼，她丈夫就立刻把那菜夹到自己碗里了，还笑一笑说：“她从来不爱吃辣的，我在家里做饭的时候，是从来不放辣椒的。”朋友的妻子说：“你对她照顾得真好啊。”他又笑一笑说：“我当然要对她好啊，谁叫她是我们家的财神爷呢！”说得美容师脸上那保养得极好的皮肤，更是光彩迷人了。她也更是乐意向她的这帮百般恭维她的女同学们亮出她保养皮肤的“十八般武艺”了。

送走客人们，朋友的妻子就向她的老公感叹：“唉，什么时候，我脸上的皮肤要是能保养得像她那样就好了。”她老公则说：“慢慢来吧，你看人家这么多年来在脸上花了多少工夫，早上，中午，晚上，都要在脸上做半个小时的功课，还用了那么多的药物和这霜那霜的，你只要这样长期坚持，总有一天也会达到她那个样子的。”

没想到，仅仅一年多时间，朋友妻子脸上的皮肤，看起来就比那位美容师显得光泽细嫩多了。又过了一些时日，那位美容师的皮肤则完全不能与朋友妻子相比了——她跟朋友妻子在一起说话的时候，我看她脸上的皮肤不仅毫无光泽可言，而且还是那么枯燥和乌暗，简直像蒙上了厚厚一层乌云似的。很显然，不是朋友妻子的皮肤变好了，而是她的皮肤变坏了。

原来，美容师的丈夫半年前当了专门分管财务的副局长，手里的权力大了，于是情人们找上门来了，也有人争着拿小姐向他献宠了——以至于得了性病，治了几个月都没治断根，她为此怄得每天晚上都睡不着。她也就苦笑着对我那位朋友的妻子说："我这才明白，为什么有些女人的皮肤是怎么保养都保养不好。"

朋友跟我说到这件事时，说："女人的皮肤，最根本的还是要靠丈夫的正派来保养。正派的丈夫，才是最好的美容保健品。"

朋友是在夸他自己正派呢，他也确实正派，而且他说的"正派的丈夫，才是最好的美容保健品"也确实有道理。

脸上的皱纹与心底的快乐

我的妻子吕丽有一个天生的癖好：逗孩子。这个院子里的孩子，她都逗过。有时跟她一起出门，只要在院子里碰见了孩子，她立刻就会把我甩到一边，乐呵呵地冲着孩子去了。被别人抱在怀里的孩子，她会"夺"过来抱在自己怀里逗；在地上摇摇晃晃走着的孩子，她会拦在孩子前面，蹲下身子伸着脑袋去逗。她逗孩子的时候，不是嘟着嘴唇做怪相，就是鼓起眼睛做怪相。当然，更多的时候，是在嘟嘴的时候也鼓眼。一直要把孩子逗得咯咯直笑了，一直要等到她自己乐呵呵地笑够了，她才会想起我还在一旁等着她。

妻子逗孩子，既不受心情的影响，也不受年龄的影响；既不受世俗的影响，也不受身份的影响——别人让她当科长了，她见了孩子乐呵呵地去逗，别人不让她当科长了，她见了孩子还是乐呵呵地去逗。她总说孩子是最可爱的，孩子是最好玩的，逗孩子是最让人开心的。

碰着能开口说话的孩子，她是一定要逗得孩子喊她的。喊什么呢？最开始的时候，是喊她“姐姐”。哦，她还是个大孩子的时候，就喜欢逗孩子了。后来呢，“姐姐”变成了“阿姨”，“阿姨”又变成了“奶奶”。第一次被孩子喊“奶奶”，可是把才四十几岁的她吓了一跳的。“重喊！重喊！”她急得像什么似的，要叫孩子修改对她的称呼。“奶奶！”孩子还是这么喊。

“人家孩子是只认皱纹，不认年龄的。”我在一边“乐”着说。我早就提醒过她，像她这样逗孩子，是会把脸上的皱纹越逗越多的，使嘴唇边、眼睛边的皱纹越逗越多。这个院子里，住着一百多户人家，总有孩子像花朵般地冒出来，她把一茬孩子逗大了，又逗另一茬孩子，她的嘴唇反反复复的嘟，眼睛反反复复的鼓，嘟着鼓着鼓着嘟着，那些嘟起鼓起的皱纹，虚虚实实的，深深浅浅的，就渐渐地在她的嘴唇的四周、眼睛的四周安营扎寨了，赖着不走了，甚至是发展壮大了。

我的提醒，是怎么也敌不过孩子的魅力的；孩子提前升级她为“奶奶”，也是吓不跑她天生的喜欢逗孩子的癖好的。她的这个癖好，也就毫不客气地馈赠给她比同龄人多得多的皱纹。前些天，我们一家三口去照全家福，化妆师使出浑身解数，也没把她眼角嘴角上的皱纹摆平，她自己也感觉到，她是我们三个中上相效果最差的一个。

但她也只是在一种惆怅、不快的情绪里待了一会儿就出来了，笑着说：“脸上多点皱纹算什么？我逗了那么多孩子，我心里积攒了那么多逗孩子的快乐，值。”见了孩子，她照样乐呵呵地迎上前去，嘟起嘴唇、鼓起眼睛去逗。

是呀，人的一生活得值不值，是不能以脸上皱纹的多少为标准的。如果是以脸上的皱纹为标准，就会把太多的时间与精力花在脸上，就会把太多的注意力放在脸上的皱纹上，这样活就会活得太刻意、太做作，就会让自己的真情与本性受到束缚。如何以心底里积攒了多少快乐为标准呢？那就会把自己的注意力放在可以给自己带来快乐的生活上，那就会怎么快乐怎么活，那就很容易活出一个自然、本真的我，那就很容易活出生命的多姿多彩和无穷意味。

当然，如果妻子当初注重面部的保养，她脸上的皱纹可能会少一些浅一些的，而这并不影响她在心底里积攒更多的快乐。

女人很容易受到刺激

一个亲戚找到我，说他的宝贝女儿中专毕业后，找工作一再碰壁，好不容易找到一份工作，却又因为被老板歧视，精神上受到刺激，跑了回来再不愿意出去找工作。“我想请你跟她谈谈，老是待在家里怎么能行。”我说我去跟她讲两个故事吧。

好在亲戚的女儿乐意听我讲故事。如果我说要去给她讲道理，她恐怕早就会拒绝了。我发现，就是再缺道理的人，也不乐意人家跟他讲道理。这或许是那些爱讲道理的人总是站在一个高高在上的居高临下的位置，带着一种唯我独尊和不容置疑的口吻，把听道理的人听怕了。

我讲的第一个故事是：一个名叫李欣的女孩，1997年从山东临清师范学校毕业后，由于学校不包分配，她便只身到深圳“闯世界”。由于学中文的她没有什么特长，迎接她的是一次又一次的碰壁。在身无分文、心里已经“结满冰霜”的情况下，她只好同意去给一对“白领”夫妻当保姆。

没想到，女主人让她每天干的事，主要就是伺候一只名叫“巴特”的宠物狗。一次，她给宠物洗澡时，只因为准备的水稍稍热了一点，女主人竟然说她：“你想烫死它啊！你要知道，在这里，巴特也是你的主人！而且它也是你的饭碗，你的工资！”她感到人格上受到极大的侮辱，心灵上受到极大的刺激。由此她暗下决心，一定要改变自己的命运！后来，通过多方努力，她终于叩开了财富之门，成为了一个百万富翁。她的事迹登在多家报纸上。

我讲的第二个故事是：出生在一个普通工人家庭的张巧霞，自小就患上小儿麻痹症，只能靠小板凳和双拐挪动。从小学到高中，张巧霞以小板凳为伴，成绩优秀，考大学也达到了录取分数线，但因身体状况而未能如愿。张巧霞又考取了成人大学读会计专业。1982年，张巧霞在街道一家电器厂当了一名会计。七年后，新的厂长让张巧霞下岗了，原因是“残疾人当会计不雅观”。这深深刺伤了张巧霞的自尊心。她发誓，一定要干出一番事业，让别人对她刮目相看！1990年，张巧霞用父母为她办嫁妆的一万元起家，又找同事借了两万元钱作为启动资金，成立了一家特种变压器厂。在办厂过程中，张巧霞经常从轮椅上摔下来。一位年过七旬的工程师被她的精神所感动，他说：“我的技术连儿子都没有教，我一定要亲手传给你。”2003年，她被评为“武汉市十佳自主创业模范”。

我说，在这世界上，身为女性，是特别容易受到刺激的，但受到刺激后怎么办？人与人之间的区别，往往就表现在他们对待外界刺激的态度上。那些来自外界的令你难以忍受的刺激，正是对你的唤醒，是对你的拯救，应该成为烙在你心灵上的令你一往无前的奋斗箭头。

亲戚的那个宝贝女儿说听了我讲的这两个故事很受启发，说她知道今后该怎么做了。

救人有先后，爱不分深浅

济南一位姓田的先生，因家里失火而成为新闻人物。发现家里着起熊熊大火后，田先生不顾个人安危，把家里的人一个个都救了出来。他在将父亲、儿媳和孙女救出火海后，又冲进火海，抱起72岁的老母，跑到阳台上，纵身跳下二楼。老母安然无恙，田先生的腿，却摔得骨折了。田先生的母亲告诉记者，她为有这样的儿子感到自豪，在这样的险境中，他“一次次跑上来救人，没有退却”。

田先生的妻子也为她的丈夫感到自豪，说在危难时刻，他显出了男人本色，这让她觉得她当初没有看走眼。

田先生自然得到了无数人的赞美。我倒觉得，田先生的母亲也是一个值得好好赞美一下的人物。想想看，儿子把她放在最后一个来救，她却没有任何想法。相反，她还为儿子的做法感到自豪。这说明她的脑子是相当的明白。明白什么呢？明白儿子救人虽然有先有后，但这并不意味着儿子对家人的爱就因此分出高低深浅来。

也就是说，她认为儿子把她放在最后一个来救是完全合理，没有任何问题的。我想，只要她是这样想的，就是他的儿子最后来不及救她了，她就是被大火夺去了生命，在九泉之下，她也是不会对他的儿子有任何怨言的；她的在天之灵仍然会对儿子露出满意的笑容。

只不过假若真是这样，世人又会如何看待、评说田先生呢？会不会说他对母亲太无情无义了呢？如果真是那样，他肯定会遭到许许多多人的唾骂和责难。万幸，田先生把自己的母亲给救出来了。他虽然最后救的是母亲，但他最后这一救，冒的风险、付出的代价，却是最大的。

我想，田先生在那种情况下救人，即使会在心里掂量一下先救谁后救谁，他也只能考虑如何救，才能在尽可能短的时间内救出更多的人。这个最基本的救人原则，他一定懂。他的所作所为说明，他不仅是一个勇敢的人，而且也是一个有智慧的人。

人对人的爱，在许多情况下，特别是在危急关头，是没法分出高低深浅来的。但救人，却一定要有先有后。也就是说，在很多情况下，我们不能用救人的先与后，来判断出爱的高低与深浅。

唉，有些女孩子在谈恋爱的时候，总是喜欢问男朋友："我跟你母亲同时掉到河里去了，你先救谁？"这其实是一个非常没有道理的问题。这个没有道理的问题，难住了很多不愿说假话、表假情的男子汉，也让很多任性的女孩子离开了真正值得自己爱的人。但愿读过这篇文章的人今后不再被这个难题弄得苦不堪言，稀里糊涂。

我们一定要明白：爱是用来培植的，而不是用来分出高低深浅的；爱是用来信任的，而不是用来追问和怀疑的。

好男人是夸出来的

妻子的一些女友来访，她们见我这个自由撰稿人一天到晚待在家里，竟然非常羡慕起我的妻子来了。说她真有福气呀，自己的男人总在家里，总在身边。我妻子说这算什么福气？她们就说，要知道现在不少男人都是一天到晚不落屋啊，他们宁愿待在朋友家里，待在酒馆、歌厅之类的地方，也不愿好好地待在家里。

我就问她们为什么会是这样呢？她们说了不少原因，都是我在报纸上看到的，并不新鲜。但最近报纸上的一条体育新闻，却使我想到了一个男人们不爱回家的比较新鲜的理由。那条消息的题目是《只想听掌声，不想听嘘声——巴西球星不愿回国》，说的是巴西球迷太苛刻，老爱在报纸上发表指责本国球星的言论，即使在球场上看比赛，本国的球星发挥稍不如意，就发出嘘声，高喊换人换人。这使得那些稍有名气的球星，只要能留在国外踢球，就尽可能不回巴西。

“欧洲人很懂得欣赏我的价值，他们经常给我以客观的评价和鼓励，而不是一味地挑剔和指责，让人无所适从，心情黯淡。”一个球星说出了众多球星的心里话。

我也就突然领悟到：许多不爱回家的男人，是怕回家受妻子的挑剔和指责啊！

我立刻就想起了我的一位诗人朋友，诗写得好，人也长得很帅，可他的妻子却老说他是“小眯眼”，说他长得要多丑有多丑。“你们看，我不仅不是小眯眼，而且还是双眼皮呢！”他说得我们都笑了。我的另一位作家朋友，在全国范围内，也算得是一个颇有名气的作家了，可他在家里，却总是被妻子说得一无是处，一钱不值。说他这也不会做，那也做不好，说他吃没有吃相，坐没有坐相；就连他发表的大家一致叫好的作品，她也做出不屑一顾的样子。

“我知道她是怕我骄傲，怕我翘尾巴，怕我一得意忘形就连着把她一起忘记了，可她老是兜头向我泼冷水，老是败我的兴，老是折我的面子，我忍一回可以，忍两回可以，可要忍一辈子那就太难了啊！”朋友满面苦笑地说。我一听他这话就笑了，我说，怎么女人都有这毛病！

因为我的妻子也是这样。她给我的印象是，好像她一结婚就瞧不起我了，好像我做什么事她都是不满意的。自然就老是说一些作践我的话，做一些嘲讽我的表情。但在外面，我却得到越来越多的赞美和赏识。就是扣去一半的水分，这些赞美和赏识也是能使我的心灵得到滋润的，也是能使我的心情变得阳光明媚的。人啊，有时候可真是难得活出一种好心情。

男人最想得到的，还是自己妻子的赞美和赏识。男人在追求妻子的时候，就曾夸下海口，立下壮志。他的诺言一旦变成现实，他就要迫不及待地、眉开眼笑地向妻子邀功报喜，以证明自己绝对是个说话算话的人，是个可以让妻子靠得住、给妻子带来荣耀的人。可令男人糊涂的是，他的这一腔真诚，他的喜形于色、兴致勃勃，却总是换来兜头一盆冷水。应该说那滋味确实令人难受，哭笑不得，又无可奈何。有好多次，我对妻子的气，就是在这种情况下憋在心里的。当时虽然什么也不说，但一有机会，就会加倍地发泄出来。

优秀的男人是不可能活在没有赞美和赏识的生活里的，特别是不能没有来自异性的赞美和赏识。家里得不到，就到外面去寻找；在自己的妻子面前得不到，能在别人的妻子、别的女人面前得到也行。也许那感觉反而更好，反而正中下怀。

我想，许多女人就是这样傻里傻气地把自己的男人推到别的女人的怀抱里去的。我相信，许多男人就是在这种情境中有了外遇，有了婚外恋的。

所以，我要劝女人们向那些欧洲人学习：哪怕结婚很多年了，也要多多赞美夸奖自己的那个“明星”！

不要被自己的优秀迷惑

“优秀的女人是没有好下场的，除非你找到一个好老公。”杨澜这样说。这句话等于是说：找不到好老公的优秀女人都没有好下场；优秀女人的好下场等于是找到好老公；优秀女人如果没有好下场，那么她找的老公一定不好。杨澜的这句话，是在我订的《文摘周报》上看到的，当时我就非常庆幸：我幸亏没有娶到优秀女人，不然，十有八九我会变成一个坏老公。

是呀，优秀女人，十有八九都是让普通男人消受不起的女人。消受不起怎么办？就像一个人，本来是要一碗面疙瘩，吃到嘴里才发现，原来那面疙瘩是金疙瘩。这时你就犯难了，是把它吐出来，另外要一碗真正的面疙瘩呢，还是就这样让自己饿着肚子将嘴里的金疙瘩温暖而体贴地含着？其实你就是把它含得再好，它也会不满意你：就凭你这张嘴，还配含我这块金疙瘩？是呀，金疙瘩是要金嘴来含的。但如果它真的遇到了一张金嘴，或许又要嫌金嘴太冰冷了，不够温暖和体贴。

找一张又温暖又体贴的金嘴，真的很难。找一个既是金子堆成的又能对自己千依百顺、逆来顺受的好老公，真的很难。什么是好老公？对于许多女人来说，可以说就是这样一个标准：既有金子般的身价，又能对女人千依百顺、逆来顺受。但一个男人，他能死下心来从腥风血雨里拼出一个金子般的身价，他那样拼搏的目的，就是要让别人对自己千依百顺、逆来顺受的。如果他拼搏的目的是娶一个优秀的女人，并要对她千依百顺、逆来顺受，这样的男人，在当今这个时代，真的如神仙下凡般稀罕呢。如果有谁找了这样的男人做老公，请她千万不要声张，不然会让众多优秀的女人嫉妒死。

优秀的女人是不会将贤妻良母的能耐视为优秀的，她们通常总是将可以在外面大展身手的能耐视为优秀。在外面大展身手的女人，是没有多少时间和精力顾家的，而且常常忙到深更半夜才回家，甚至通宵不归。她就是通宵不归，你也不能问她到哪里去了，一问就是不信任她。她这么优秀的女人，你居然敢不信任她？

女人一旦意识到自己成了优秀女人，你就得无条件地信任她，无条件地支持她，无条件地疼爱她，无条件地收拾好她在外面弄出的乱摊子，特别是不论她在外面惹出多少绯闻，也不论那些绯闻说得多么有鼻子有眼，你都得对她坚信不疑，不离不弃，能够保证她哪怕身败名裂了也有一个可以依靠的人，可以有一个供她恬然地回忆往事的家。我了解到的一些优秀女人，就是用这种思维去看待“好老公”的，也是用这种思维去要求自己的老公的。这样要求的结果，只能把夫妻关系搞得一团糟，把自己的生活搞得一团糟，也会把自己的下场搞得一团糟。

依我看，优秀女人最好不要自视太高，不要被自己的优秀所迷惑，不要以为既然自己很优秀就应该无条件地得到一切。优秀的女人应该认识到，好老公是好老婆以心换心、以真诚换真诚、以真情换真情、以真爱换真爱而换来的。优秀的女人不要只满足让自己成为工作上、事业上的佼佼者，女人的优秀，也应体现在经营出和谐美满的婚姻上。优秀的女人，最好将自己变成老公心目中的好女人。很容易就把自己的下场弄得一团糟的女人，那不是优秀，那是愚蠢。

玩笑与清白无关

王英参加了那个笔会回来就哭，那是一个散文笔会。王英是一名作家，是重庆一家杂志的总编室主任。在那个散文笔会上，“有人跟她开玩笑，有的玩笑很过分，让她受不了”。王英一气之下，从成都直接打车回到重庆，回到家后她一直哭。面对家人的劝说，她多次说自己是“清白的”，言语间充满绝望。在家人不注意的情况下，王英突然从十四楼的家中跳下去，当场身亡。“王英尽管三十八岁，但人很单纯，完全像个二十来岁的人。”

读到这个消息，心中好一阵难受，最难受的当然是她的丈夫。她的丈夫又愤怒又窝囊，自己的妻子是那样单纯的一个人，她哪里经得起那一帮文人的胡说八道？但开玩笑是不犯法的，他就是想告他们也找不到法律依据。万般无奈，他只得做出这样的规定：不准参加那个笔会的任何人，来吊唁他的妻子。

在这个世界上，有的人真的是可以活到老，单纯到老的。但那些喜欢乱开玩笑的人，他们哪里管你单纯不单纯，受不受得了，他们只图一时的嘴巴快活，只想制造一种邪里邪气的气氛，只想在别人露出难堪表情时哈哈大笑。你如果不吃他们这一套呢，他们很快就自觉无趣了，不再纠缠你了。有一家开餐馆的女老板，因为长得颇有几分姿色，那些来吃饭的人，就老是喜欢拿她开玩笑。她呢，不仅一点也不恼，而且还一本正经地顺着顾客的意思说，反而弄得那些人脸上难看，不得不主动“撤兵”。当然，王英不是这样的人。但她是可以不把自己的清白跟那种人的玩笑联系在一起的。

事实上，玩笑也真的与清白无关。有一次，在一个场合里，我的一位熟人一个劲地与他的一个女同学开着玩笑，说他的这个女同学跟另一个男同学是情人关系。见他说得绘声绘色，有鼻子有眼，随后我问他：“他们真的有那种事？”没想到他说：“哪里，他们都是很正派的人。”又说：“他们真有那事，我也不会说了。”一下说得我恍然大悟。原来那些有鼻子有眼的事，都是他自己胡编乱造出来的呀；原来他们这种喜欢开玩笑的人，是专门喜欢拿正派的人来捉弄的啊。

这种喜欢乱开玩笑的人，有时候确实很可恶。但有什么办法呢，想要世界上没有这样的人，想要这样的人不再乱开玩笑，这恐怕是不可能的。我们只能希望像王英这样单纯的人，能够明白玩笑其实与清白无关的道理。听不得这样的玩笑，可以抗议，可以走开，但千万不要太认真，更不要拿自己的生命来证明什么。别人可以不在乎你的单纯，但你不能不在乎自己的生命。毕竟，生命本就比所谓的清白更宝贵。

尊重眼到为止的眼睛

一个在上海打工的打工妹，在屋里洗澡时，发现房间的一扇磨砂玻璃前有个人头在晃动，不由失声惊叫起来。她怀疑住在隔壁的男子偷看自己，立马穿好衣服，上门兴师问罪，盛怒之下竟然取出一把剪刀，朝对方的眼睛戳去。经法医鉴定，被害人左眼盲目四级，已构成重伤。她也被依法判处三年有期徒刑。法官说这个打工妹认罪态度较好，又能主动赔偿被害人的经济损失，因此那三年徒刑缓期三年执行。

我很想知道，那个打工妹是怎么认罪的。她既然是如此怕人偷看，就应该把屋子遮得严严实实的，遮到那晃动在磨砂玻璃前的人影连自己都看不见。她既然能发现别人偷看，就说明她自己也能看见偷看的人，同时也说明她将自己遮蔽得并不严实，本身就没做好“谢绝”别人偷看的保护工作。也就是说，在这个“事件”中，她既是有责任的，更是有罪过的。

人们洗澡，为什么要到别人看不见的地方洗？我想这不仅是对自己的隐私负责，而且也是对别人的眼睛负责。让别人既不能在无意间看见自己洗澡，也不能在有意间看见自己洗澡，这可是保证别人活得很正常的一个很重要的条件。

一个人让另一个人看见了让其饱受刺激深受诱惑的东西，那是会让别人的心思乃至行为异于常态的，那是会让别人活得不正常的。当然，这里说的不能让别人“有意看见”，是指别人的眼睛在没有手脚及其他东西的帮助下看见。那种溜门撬锁、破门而入去看的，就该由警察来评说了。

为什么人们会谴责在交通要道设置美女广告牌，特别是那种身体裸出很大面积的美女广告牌，而不是去谴责往那些广告牌上看的眼睛？这不仅因为控制广告牌比控制眼睛更容易，也因为人们对人的眼睛特别喜欢往那种东西上看而深表“同情”和理解。

现在走在大街上，特别是走在大都市的大街上，那些穿得非常暴露的人已经很多了。她们自然是不怕被别人看的，自然也是有人在无意间看她们的。但不论是无意地看还是有意地看，都是眼到为止。哪怕是极个别人带着一种色眯眯的表情看，也没人跳出来理会。大家各走各的，各看各的，既时尚又文明。什么是社会进步？这就是社会进步。你上街不想给别人看，你尽可以穿得严严实实的，这是你的自由；你洗澡不想给别人看，你尽可以遮得严严实实的，这也是你的自由。但是你如果上街时没穿得很严实，你洗澡时没遮得很严实，别人看了，你就得尊重别人的眼睛的自由，你就不得跳过去侵犯别人的眼睛。

看来那个打工妹要学会善于原谅和尊重那些形形色色的眼到为止的眼睛。

平庸的男人也不保险

爱看报纸的小吴，觉得报纸上的消息看得越多，越觉得不好找男友。最后，她经人介绍，跟在一家国营企业工作的小杨确定了恋爱关系。介绍人说，小杨除了上进心不强，别的条件都不错。“找个这样的男人保险。”介绍人笑着这样说。

结婚后，小杨果然只满足过好小日子。他常常下厨弄几个很不错的菜，抢着做家务。这让小吴深感欣慰，觉得跟这样的人过一生，虽然没有大名大利，但能把家庭生活过得恩爱甜蜜，那也值！

小吴自己却是个有上进心的人。她先是在单位成了业务骨干，五年后又当上了副主任。她的收入，自然远远地超过了还是普通员工的小杨。这时候的小杨迷上了打麻将，常常打到深更半夜才回家。家里的很多事，他都不管不问。如此这般，时间长了，小吴自然有想法。她希望他少打些麻将，多把心思放在家里。他居然说：“我总得有个寄托呀！”她一惊：“你这一生，就把打麻将当寄托？”

两个人的争吵渐渐多了起来。有时吵着吵着，他突然说：“跟你这个女强人在一起生活真没意思，干脆我们离婚拉倒！”这话说得她又是一惊。她以为，离婚这种话，本应是由她来说的——在这个家里，只有她才有资格说离婚，没想到，这话竟然从他嘴里冒了出来。

小吴虽然嘴上很硬，但在行动上却软了下来。她苦笑着想：原来找个保险的，也要付出代价。她这才意识到，跟一个平庸的男人一起生活，虽然不会担心其出轨，可是那种毫无生命光彩可言一眼可将其一生看透的人生，同样是让人难以忍受的。

为了给孩子一个完整的家，她想：能凑合就凑合吧。没想到，这以后，小杨却不时地把离婚的事提出来，反复说跟她这个女强人在一起压力太大，不如分开过算了。她便觉得有必要防着他了。

又过了半年，小杨竟然以跟女强人生活精神上太痛苦为由，到法院起诉离婚。让小杨深感意外的是，小吴在法庭上指出，小杨提出离婚，真实的原因是他有了第三者。她接下来向法庭展示小杨出轨的视频和照片：小杨在公园的僻静处与一名女子相拥、接吻……“别放了别放了！”羞愧难当的小杨，急忙喊停。

这些视频和照片是小吴暗中请私家侦探拍来的。拿到这些视频和照片的时候，吴女士一个人流了许多眼泪。唉，原来找个平庸的男人也不保险啊！而且正因为他是那么平庸，他还那么背着自己乱来，他对人的伤害，才让人感到特别的深，特别的痛！

两人最终离婚了，法官做出了许多对吴女士有利的裁决。

让吴女士真正感到庆幸的，是她自己活得不平庸——她有自己的事业，有自己的追求，有自己的寄托；她不会因为一个平庸男人而丧失自我，丧失自尊。“靠男人，不如靠自己！”她这样跟她的姐妹们说。

是的，让自己活得有自我、有自尊、有事业、有追求，这才是最保险的。

男人最爱懂他的女人

都说如今的男人薄情，妻子还没年老色衰，就移情别恋了，配偶去世没多久，就把曾经恩爱的她给抛诸脑后了。或许正因为如此，人们遇到一个不薄情的男人，才会把他当新闻说。在武汉就有一个这样的男人，被一家报纸当作新闻人物给报道出来。

这个男人名叫于真。“从1984年到2004年，于真陪伴妻子度过了20年的病榻生涯。妻子受到多种病痛的折磨，又说不出话，烦起来叫两声、打一下也是常事。于真不恼，‘她对我的恩情，远胜过我对她的照料。’2004年4月4日中午，老伴辞世。于真沉浸在悲痛中无法自拔，常常独自落泪。他将全部精力放在著书上，将自己毕生所悟写就《共生论》。他写下这样的字句：‘老伴，我要把对你的临终关怀，变为对人类的生命的终极关怀，作为我对你永恒的纪念！’”

于真将他多年前悼念妻子的诗作《对遗像》郑重地交给记者，诗曰：“生也伴，死也伴，生死两相伴。你也看，我也看，生死两相看。活也难，死也难，死去活人难。活人难，难相伴，难相看，泪难干！”

那么，于真的妻子对于真到底有哪些恩情？

于真说他最难忘的是：于真转业后，在武钢干部学校任教员。1957年，他向全国人大上“万言书”——《关于实行人民代表监察制度的建议》。结果，他被打成了“右派”，发配到车间开搅拌机。期间，两个女儿相继出生，家里生活非常困难。“那时，不少夫妻反目，但我的妻子用她瘦小的身躯撑起了这个家。”“文革”初期，妻子把于真所写的“万言书”底稿和重要资料用塑料纸包好藏在家里的煤球中，躲过抄家之劫。

于真含着泪水说：“妻子是真正爱我、懂我的人。”

光爱不懂，那种爱是难以持久的，更是难与对方同甘共苦、福祸与共的。于真的妻子如果不懂于真，哪里能做到在“不少夫妻反目”的情况下，仍然坚定地跟他站在一起，又哪里会冒着巨大的危险去收藏他的“罪证”。懂，就是有足够的眼光与能力，知道丈夫到底是个什么样的人，知道丈夫的可爱与可敬之处，丈夫的可贵与高贵之处，到底体现在什么地方。

懂，才能爱到男人的本质，才能拥有男人的灵魂，才能让男人觉得自己找到了真正的家——生命的家与精神的家。也只有这样的家，才能让男人全身心地热爱，心无旁骛地坚守。不，应该说，只有这样的女人，才能让男人爱到相知入骨、生死相依的地步，才能让男人心甘情愿地服侍在病榻边、旷日持久地付出自己的真心与痴情！

女人的眼光与婚姻

“她看人的眼光实在太坏了——她看上的人，不是坐牢的，就是贩毒的。”妻子说。妻子说的是一个名叫凯莉·罗杰斯的英国女子。

年仅22岁的凯莉，于6年前购买彩票中了190万英镑的大奖。如此好的运气，却没有给她带来她渴望的幸福生活。6年来，她看中的两个男朋友，先后让她两次自杀，也让她败光了手里所有的钱。

凯莉看中的第一个男朋友，是一个进过监狱的，两人生育了一个儿子和一个女儿。这个男朋友不仅偷她的钱，还与她妹妹发生关系。她为此气得服下过量的药物企图自杀。凯莉看中的第二个男朋友，竟然在她家里发生了与人交易毒品的事。凯莉因此案受到牵连也被警方逮捕，她为此曾企图割腕自杀。如今，生活困窘的凯莉与母亲住在一起。为了维持生计，她不得不同时做三份清洁工的工作。

“要是看人的眼光能通过买彩票买来，那个中奖的女人就不会找到坏男人了。”放下报纸，妻子笑着说。我说：“是呀，对于女人来说，她能拥有一个看人的好眼光，那可是比中大奖还重要呢。没有好眼光，中了大奖也摆脱不了接连不断的厄运，也会让她陷进痛苦的深渊，甚至痛不欲生。”

妻子说她见到的一些不幸的女人，她们的不幸基本上都与她们看人的眼光有关。有一个女人特别会做生意，看生意是一看一个准，但就因为不会看人，一看一个错，虽然有四五套房子，但却始终找不到一个称心如意的人在一起生活。她也因此在我妻子面前感叹：“看人的眼光决定女人的命运。”

我跟妻子开玩笑说：“你能看上我，说明你看人的眼光，还是很不错的嘛。”妻子白了我一眼，说：“我看上你根本不是凭眼光，而是凭感情。”哦，感情。对，感情！我说：“要知道，感情是有倾向性的，感情的倾向性，其实就是眼光的倾向性。”妻子想了想，没有说什么，算是默认了。

完全可以说，一个人有着什么样的感情，她就有着什么样的眼光——她对什么样的人容易产生感情，她的眼光就容易让她看上什么样的人。比如我的妻子，她对我这个朴素、正直、有责任心的人容易产生感情，她的眼光就不会给她带一个喜欢花天酒地、胡作非为的人回来。妻子之所以会有这样的感情，显然是与她小时候受到的教育及她的人生追求有关。

有识之士们都特别强调做人要有情操。情操是什么？有人说情操是人的本性对万事万物的正确认识，我以为这话很对。而我还想说：情操是生长感情的根，也是生长眼光的根。

让男人把烦恼带回家

很多女人，都不喜欢自己的老公在她面前诉说自己的烦恼，认为男人老爱说自己的烦恼，那是没本事的表现，不像一个大男人。但一位姓杜的女士不这么认为。“作为一个男人，他光把金钱带回家，那是远远不够的，要保证家庭的安全与和谐，做女人的，还得让男人把他的烦恼带回家。你要珍爱你的家，你就得珍爱那个把烦恼带回家的男人。”杜女士这样对女人们发出忠告。

在很多人的眼里，杜女士的丈夫真是一个好男人。每个月的8号，他会准时给杜女士5000元的家用。这些钱，她和女儿怎么也用不完。每到周末，丈夫都会开车带她们去吃饭。偶尔没有时间，他也会让附近的特色餐厅给她和女儿送到家里来。每逢她的生日，丈夫更是会变着法儿给她制造一些惊喜。周围的人都认为，杜女士简直是生活在蜜糖罐里。

杜女士却觉得这样活着，一点快乐都没有，她甚至觉得恐慌和害怕。为什么呢？因为丈夫从来没有在她面前诉说自己的烦恼。

她把这种想法告诉自己的姐姐，姐姐说：“你真是身在福中不知福啊，你老公凡事都不叫你操心，你还不满足？哪像你姐夫，屁大一点事都和我商量，有时我人还没有下班，他打电话来说他在超市里，问我下午买什么菜？还有的时候，晚上坐在沙发上看电视，他就在你耳边说他工作上的事和他的烦恼，说他的钱太少了……”

这些话，杜女士竟听得入了迷。她心想："对啊，这不正是我向往的生活气息吗？我和他之间什么都不缺，缺的就是生活气息啊！而生活气息里，怎么会没有烦恼呢？"

杜女士确信，在这个世界上，谁都会有自己的烦恼，谁都需要找人诉说自己的烦恼。她的丈夫也肯定是有自己的烦恼的，也肯定是会向某一个人诉说自己的烦恼的。那么谁是他诉说烦恼的人？他不跟妻子诉说，会跟谁诉说？或许，他在外面有一个红颜知己？她一打听，他还真有一个红颜知己。那个红颜知己认为她的丈夫跟她诉说自己的烦恼，那是一种爱她的表现，她也因此很爱他。丈夫的这个秘密被揭穿之后，杜女士哭了好久好久。

发生在杜女士身上的这件事真是意味深长。那些喜欢跟妻子诉说烦恼的男人，当妻子的再不要认为这是男人没本事的表现了，而应该认为：这是男人爱她的表现，也是夫妻关系很正常很和谐的表现。由此，我们也应该重新认识一下"烦恼"：烦恼在家庭生活和夫妻关系中的双方流动，不仅是完全正常的，而且也是很有必要的。我们甚至可以说：烦恼的双向诉说，是维持婚姻关系正常存在和健康发展的非常宝贵的纽带。

让自己的可爱成为"缓释胶囊"

她是一个非常可爱的女孩子，在婚姻的道路上却一再跌倒。好在每次她都能从痛不欲生的痛苦中爬起来，擦干眼泪，露出笑容，继续表现出自己的种种可爱：善良、活泼、大方、在任何人面前都能表现出自己的真性情，笑起来那种天真无邪的样子特别能让人受到感染……正因为如此，这一次，一个比她小好几岁的长得挺帅气的离异男子，只跟她谈了两个多月的恋爱，就决定跟她结婚。

她是我的一个亲戚的同事。这次结婚之前，她特意把我们请去征求意见。在众多的意见中，她独独记住了我的那句“把你的可爱变成‘缓释胶囊’”。当时我说的是：“女人的可爱，有些应该是在结婚前释放出来的，有些则应该在结婚后释放出来。一个人对自己身上的种种可爱的品质和特性，应该有一个清醒的认识，更应该有一个统筹的规划——哪些可爱该在婚前表现出来？哪些可爱需要暂时隐藏一下，让它们在婚后表现出来？我的想法是，做女人，不能让自己的可爱一次释放干净，并且在任何人面前都一览无余地表现出来。”

我的这个说法，也得到了其他人的认同。这个女孩子（哦，她现在已经三十多岁了），或许就因为没有这种让自己的可爱具有可“持续性”的意识，因此她的可爱，虽然很容易迷住人，但却很难“拴”住人。“是呀，你真的得让你的可爱变成‘缓释胶囊’才行啊。”大家这样笑着说她。她的一个同事还说：“人都是有优点有缺点的，人都是有可爱的一面和不可爱的一面的，你过早地把自己的优点和可爱的一面暴露给对方，等到结婚之后，当他发现你还有那么多的他没有见过的缺点和不可爱的一面，他一定会感到特别的失望。很多人的婚姻，就是在这种状态下出问题的。”是的，婚姻最讲究“持久性”，婚姻最怕的是“闪”——在一瞬间释放出自己所有的可爱，又在一瞬间释放出自己所有的不可爱。

我说的让自己的可爱变成“缓释胶囊”，除了强调让自己的可爱具有持久性之外，还有一个意思是：让自己的可爱具有针对性。如在任何人面前都能表现出自己的真性情，这种可爱，在结婚之后，再在“他”面前表现出来，那很有可能就是犯忌了。在他“眼”里，这个曾经的可爱，就会变成不可爱。

婚姻的破裂，对女人造成的伤害要更大一些，女人对自己的可爱的“掌控”，也就应该考虑得更周密、更深远一些。哦，让自己的可爱成为“缓释胶囊”，这毕竟只是一种比喻。但愿我亲戚的那个同事，能够透过这个比喻明白这样一个道理：一个人对自己的种种可爱，不仅可以进行有效的管理，而且也可以进行持续的建设。

有时候不能逼着丈夫“说清楚”

遇到一对结婚二十多年感情一直很好、几乎就没有吵过什么架的夫妻，我问他们处理婚姻关系的秘诀是什么，男的说：“我觉得她非常注意当众给我面子——男人的很多面子，其实都是妻子给的。你在外面混得再好，如果妻子不给你面子，那你仍然会觉得活得很窝囊。想想看，跟一个让你觉得活得很体面的人生活在一起，你会不快活吗？你会不珍惜她吗？”

女的笑笑说：“我发现有些做妻子的，当男人跟她说个什么事的时候，她一定要男人把道理讲清楚。她们不知道，有些道理是男人当着别人的面无论如何也说不出口的，这时候你一定要让他说清楚，他就会很恼火的，甚至会跟你大发脾气的。我心里清楚，人世间的很多道理都是不能当着别人的面说出口的。我觉得聪明的女人，就得学会尊重那些说不出口的道理。”

她这一说，我就懂了。但我故意笑着问她：“哪些道理是他说不出口，而你却可以既不让他说出口又能按照他的意思去做呢？”她想了想说：“比如说吧，他突然带一个朋友到家里来，说需要取一笔钱急用，这时候你就不能追问他这钱到底作什么用场，因为很有可能是他带回来的这个朋友遇到了困难，需要找他借钱。他不说借钱，就是要照顾到朋友的面子，而我如果非要让他把钱的用途说出来，那我就会破了他的面子，也破了他朋友的面子。再比如说吧，有很多人在一起吃饭，你发现他表面上闹的很热闹，但胃口却很不好，这时候你如果去关心他，他很可能会随便说句什么糊弄你一下，这种情况下你就不能一定要他说出胃口不好的原因来，因为做男人的，是不喜欢让人知道他身体上有什么毛病的，你只能耐心等到回到家之后再来关心他。”

说得我连连点头。据我所知，发生在很多家庭里的夫妻不和，其实都是妻子不给丈夫面子造成的。而许多当妻子的不给丈夫面子，并不是她们不看重丈夫的面子，而是她们没有悟到丈夫的面子常常隐藏在他们的难以当着他人说出口的道理里。那些道理不说出口，他们的面子就在，一旦说出口，他们的面子就可能一下子掉在地上摔得粉碎。有句话叫作“好女人是一所学校”，善于处理夫妻关系的女人，对于男人，对于其他女人，确实有许多可取之处。

心疼与珍惜

一个女大学生，因为男朋友不给暖脚，居然打110报警。民警赶到，见是这么回事，哭笑不得。民警告诉记者：他依照报警人提供的地址赶到现场——宁波大学旁的一间出租房。一男一女，穿着睡衣，看样子像学生。两人互相不说话，似乎在赌气。见到民警，女孩立即诉苦：“警察叔叔，你见过这样的男朋友吗？一点都不心疼女朋友的。这么冷的天，晚上睡觉都不给我暖脚！”看到女友先告状，男孩火了，反驳道，“警察叔叔，你见过这样的女朋友吗？晚上睡觉硬要把两条冰冷的腿架在我肚子上，多难受啊，胃都快抽筋了。我说了几次，她还是不肯放下来，还说这样放着多舒服。”

不知这个男孩子会不会后悔，他找到的这个女朋友，不仅不懂得珍惜他这个爱情资源，而且也不懂得珍惜“110”这个社会资源。“一个如此不懂得珍惜的女孩子，我甚至怀疑她是否已经具备了与人同居的资格。”我的妻子这样评论说。是呀，婚前同居，也是需要“资格”的啊。因为婚前同居，也是一种必须对彼此、对未来、对社会负责任的生活。连最基本的珍惜都不懂，哪里还谈得上负责任？

那个女生倒是懂得让人心疼，而且她绝不能容忍男朋友不心疼自己，甚至不惜动用警察的力量来争取他的心疼。唉，做女人难，有时候难就难在让人心疼自己啊，而且是心甘情愿地始终如一地心疼自己。只是，如果一个女人老是干出一些让人难以忍受、哭笑不得的事情，她又怎么能赢得别人主动而又持久的心疼呢？女人应该懂得，心疼往往是要建立在珍惜的基础上。你想要别人心疼你，就得学会珍惜。女人的境界，女人的修养，女人的责任，女人的魅力，往往都是需要用珍惜来体现的。什么叫珍惜？就是善于为他人着想，善于用一颗体贴的、爱护的、关怀的心灵看待、对待他人。

正因为没有珍惜之心，那个女大学生才会硬要将一双冰冷的脚架在男朋友的肚子上，而不是想别的办法来暖脚——或者是睡觉之前多用热水泡一泡脚，或者是灌一个热水袋放在脚下面。懂得珍惜的人，也是最懂得生活的人，自然也是最善于从生活中学到克服各种困难的办法的人。这样的女人，自然也是最容易赢得他人尊重的，同时也是最容易得到他人心疼的。

心疼与珍惜的关系，既是非常密切的，又是非常浅显的。或许正因为浅显，学校的老师不会专门为它开一门课，许多做父母的也懒得认真跟孩子讲一讲。结果呢，弄到现在，居然弄出女大学生因为男朋友不给自己暖脚，就打110报警的笑话。可见，再浅显的道理也是要人去用心体会和揣摩的，并且要让它变成扎根在心田的一株植物，成为自己的一种修养。

自己心里有数就行了

一个择定了婚期的女孩子，有一天去参加闺友们举行的一个聚会。有个闺友带了自己的新婚丈夫来。整个席上就他一个男人，大家都拿他寻开心。有说他花心的，也有说他经不起美女诱惑的。这时候，带丈夫来的那个闺友就笑着说："其实每个男人都一样的。"哦，做妻子的能够这样给丈夫解围，真是难得。

千不该，万不该，那个择定了婚期的女孩，这时候竟然说了这么一句大话："我觉得我的那个他，就不会对其他人动心——真的，我一直就对他挺放心的。"她这样说，当然是有依据的。她的依据，就是她男朋友在她面前的表现。只是，他在她面前的表白也好，表现也好，真的是经得起时间检验的吗？应该说，是真的经得起其他美女检验的吗？

这时候就有一个闺友掏出手机，当场做了一个实验。她拨通那个"对谁都不会动心"者的电话，操着一口纯正的普通话，说她从北京到他所在的城市来了，很久不见了，因此一直很想念他，现在真想跟他见见面。大家立刻屏住气息，看手机那头的人怎么说。那个夸下海口的女子，则是一脸的镇定和自信。

没想到，手机那头的那个男人居然立即答应见面，还问她住在哪家宾馆，他马上就赶过来。呵，他居然也说他也挺想念她，他的话大家都听得清清楚楚。那个做实验的闺友挂断电话，现场的气氛一下子就陷入一种难堪、尴尬的气氛之中。

没想到他竟然是这样一个经不起考验的人！他平时口口声声说的那些如何如何爱她、忠诚她的话，都是骗人的鬼话！他仅仅只是在一个女孩的声音面前，就露出了自己好色的原形。这让那个择定了婚期的女孩难堪至极，也伤心至极。

现在的女人们，在当着众人夸奖自己的丈夫值得自己放心的时候，一定要做到出言谨慎。

当然，男人在当着众人夸奖自己的妻子值得自己放心的时候，同样应该出言谨慎。

自己的妻子或丈夫是个什么样的人，自己心里有数就行了。那个数，是放在自己心里，让自己心安的，让自己心静的，而不是放在嘴上，夸耀给别人听的，炫耀给别人看的。

不要做“细节”的俘虏

某位女子，这些年读到不少有关“细节”的文章，她也就暗暗地想：什么时候，我也能遇到足可将我深深感动的细节，那该多么好。没想到，这样的细节还真的被她碰上了，她也心甘情愿地成了那个细节的“俘虏”。

那是在一次同学聚会上，这位女子认识了一位男同学带来的朋友。她对那个小伙子印象很一般，并不打算深交。可是此后，那个小伙子却经常给她发短信打电话。有一天傍晚，天冷得不行，那男子给她打电话说他在楼下。她下楼一看，他捧着个东西在大风里站着，让她看着都心疼。她走过去，他把怀里的东西塞给了她，说声有事就走了。她上楼一看，里三层外三层裹着的是一个保温瓶，里面装着热腾腾的排骨汤。她一下子就被这个非常叫人感到温暖的细节给打动了，于是决定跟他谈恋爱。

没想到，结了婚他就不是那么回事了，很快就发展到对她拳打脚踢的地步，让她苦不堪言，忍无可忍。

我特意将这个故事讲给我的女儿听，我告诉她：任何时候，都不要相信这种特意要感动某个人的细节，这种细节是可以精心炮制出来的。只有那种体现某个人内在素质的细节，才可相信。女儿问："什么是体现内在素质的细节？"

我想了想说：是那些为了满足自己内在修养需要的细节，比如一个人将平等待人作为自己的人生修养，他就不会只是在上司和长辈面前表现得很规矩很有礼貌，而在其他人面前变得趾高气扬，为所欲为，他也不会因为换了一个环境达到了某个目的就不尊重他人了。一个将平等待人作为人生修养的人，时间长了，在任何情况下都能尊重其他人的做法，这会成为一种稳定的品质，自然也会成为他身上一种值得信赖的素质。

如果上述的那个男子，他是将排骨汤送给一位素不相识但是却特别需要他帮助的人，同时又是在没有任何人知道的情况下，我看这样的"细节"还是值得相信的。至少它比给自己的意中人送排骨汤更值得相信。如果他的内在修养已经到了不允许他在素不相识的人面前做一个令人失望的人，他还会在自己心爱的人面前做一个令人失望的人吗？

那些不是出于内在品质与修养的"细节"，十有八九都是越感人越不可信、越值得怀疑、越有可能是阴谋与陷阱的！

没找到“理想中的爱人”很正常

“我这个尊崇爱情至上的人，千挑万选一直到而立之年才成家，对于最后选定的那个他，我也曾经认为他就是我理想中的爱人。可是到头来，我仍然有一种被人蒙住双眼的感觉。”为什么呢？“我多么想他能在业余时间好好陪陪妻儿，可他总是喜欢待在牌桌上、酒桌上；我渴望着两个人靠在床头上好好说说话，可他曾经有过的那种缠绵、那种善解人意，几乎一结婚就不知丢到哪里去了。除了每个月给我一些钱之外，我看不出他有多么爱这个家。”因此，她“真想丢下这个家，一个人去浪迹天涯”。一位女性读者在写给我的信中这样倾诉。

我不知道我的妻子是否也跟别人这样倾诉过。其实她就是当着我的面，也是不止一次地说过我是骗子的，说我根本就不是她当初想象中的那种人。或许她也产生过“真想丢下这个家，一个人去浪迹天涯”的念头。唉，一个人浪迹天涯的日子真的是那么美好和美妙吗？不一定。那种美好与美妙也是想象出来的。她们要是真的去浪迹了，很可能也会把肠子给悔断。为什么百分之九十九点九的女人，最终都选择了待在家里而不是浪迹天涯？因为不理想的“天涯”比不理想的男人还难对付，还难忍受。

更何况不理想的男人再坏，也不可能天天都那么坏。有一次，一个正在恋爱中的女孩问我对婚姻的感受如何，我说我对婚姻的感受就是：有时候快乐有时候痛苦、有时候快乐有时候痛苦、有时候快乐有时候痛苦……说得酒桌上结过婚的人都笑了，一边点头一边笑。而那个女孩子则睁着疑惑的大眼睛问：“总有那么多的痛苦跟在快乐后面反复出现吗？”我说不，是我刚才说反了，是总有那么多的快乐跟在痛苦的后面反复出现。

女人希望自己找到的男人，是天天都能给她带来快乐的——是快乐后面跟着快乐、快乐后面跟着快乐，永远不会让她感到痛苦的。或许她以为这样的男人才是她“理想中的爱人”。但是，请问结过婚的女人：谁遇到过这样的爱人呢？如果谁遇到了，请把他推到主席台上，给我们这些不理想的男人做做报告好吗？我听过太多的报告了，还从来没听过这样的报告。

“好好跟他过下去吧，千万不要认为别人找的爱人就一定比你的好，更不要认为别人找到了理想中的爱人而你没找到，浪迹天涯的万种风情只在想象里，而现实的快乐与幸福，却更容易在家里孵化出来。”我给那个“不幸”的人回信说。

离“现代”很远，离幸福很近

挑了好半天，试了一件又一件，好不容易挑中一款合适的，妻子又说不要了，急得在一旁一直为她提供着周到服务的营业员小姐忙说：“这一件你穿着真是再好不过了，你怎么又不要了嘛。”妻子说：“别的都好，就是有点透了。”营业员着急地说：“现代人就是要穿得有点透有点露才好呢。你到街上看看，穿着比这件衣服透得多的人多的是呢。”妻子笑一笑说：“我不是个现代人，我从来就不喜欢穿又透又露的衣服。”

连我也在一边说："透一点不要紧，这么一点点透，你穿着已经算是很保守的了。"但妻子仍然没买。从商场里出来，我笑着说她："你真的不是个现代人啊。"

在一所职业技术学院当班主任的妻子说："在学生面前，还是应该穿得端庄些好。"我说："现在有些学生都穿上了吊丝带呢，有的甚至把整个后背都露出来了。"妻子摇摇头，说："反正，我不觉得那样穿有什么好。"

是的，妻子的穿着，一直是讲究端庄和朴素的。不过，这也正是我当初看上她的理由之一。那时候我们是职工轮训班的同学，大家都是带工资来参加学习的，班上的女同学大多数比她穿得时髦、靓丽。我固执地认为，找一个穿着朴素的人为妻，对我这个不善赚钱的人来说，压力会小一些。事实证明了我的想法是对的。

我一直是一个事业心非常强的人，这些年来，我几乎把所有的能够自由支配的时间与精力，都用在了看书写作上。由于我一没往官场上发展，二没往商场上发展，我们家的经济收入就只能凑合着吃穿住用，外加供孩子读书。因此混到现在，我这边的兄弟三个，她那边的兄妹四个，就只我们家住房最小，家庭摆设最没有现代气息。说句不怕人笑话的话，现在摆在我们家客厅里的两个红木椅子，还是一个亲戚五六年前更新换代时送给我们的。我现在用的电脑桌，也是岳父几十年前用过的一个旧书桌。我的一个朋友私下里跟我讲："你幸亏娶了一个这样的人做老婆，不然啊，你哪能安安心心地做你想做的事。"我说："是呀，像我这种人，就只有跟这种人生活在一起才安逸。"

好在妻子的心情一直不错，也一直很爱笑，比很多穿得很现代住得很现代的人还爱笑。她常常说，只要孩子爱学习就行了，只要我对她好就知足了。在我们家，孩子从小到大，都是爱学习的；我呢，哦，对她还算不是太坏。我们家的气氛，大多数情况下也就很和美、很温馨。

一个人追求什么样的人，一个人追求什么样的生活，一定要与自己的实际能力和特有目标相适应，也一定要与自己独特的心性与向往相适应。看来，我和妻子都做到了这一点。所以，我们的生活，尽管离“现代”有点远，但是离幸福却很近。

再穷也不能丧失正义感

四十岁的悍匪周克华，居然有一位二十岁的女友。报纸上登出了这个小女友的一张艺术照：肤白，眼大，穿着抹胸的红旗袍，挂着一束长长的象牙白珠链，左臂弯起手放在胯部，头稍稍偏为左侧，青春气息扑面而来，艳丽姿色很是夺人。

细看这张艺术照的背景，却是一堵陈旧、灰暗、简陋的烂砖墙，而且那砖还砌得七歪八扭。嗯，这样的背景，是否有着某种象征意义？

“初三时患上癫痫病，从此智力开始下降，学习越来越差，初中毕业后只得辍学。”于是到城里的洗头房里打工。周克华就是在洗头房里看上她的。她见周出手大方，很快就跟他确定了情人关系。当周向她吹嘘自己持枪抢劫的“壮举”时，她居然对其“崇拜不已”。

由于智力下降、辍学早及其他因素导致她缺乏最起码的正义感，缺乏最起码的荣辱观，缺乏最起码的判断是非的能力，或许才是这位妙龄女子轻易爱上一位悍匪的背景！

只要舍得在自己身上用钱就爱，只要他有足够多的钱就爱，而根本不问那钱是怎么来的，根本不管他是一个什么样的人——就是知道了他是一个什么样的人，也只看得到他给自己带来的钱，而看不到隐藏在那些钱背后的凶险与祸患，这样的人，还少吗？这些人当中，有些并没有因患上某种疾病而智力下降，有些并没因辍学而提前流落社会——不，有些人智力相当高，有些人拥有的学历也是相当出色，但他们的表现，仍然像周克华的这位女友一样，可笑又可叹，可悲又可唾。

周克华被击毙后，他的这位女友也被警方“请”走了。由于周克华将自己抢来的数万元钱都存在她的名下，加上她对一个血债累累的惯犯隐而不报，她必然要受到法律的严惩。

很多人都说，有什么样的背景就有什么样的人生，就有什么样的命运，这话看来并没错到哪里去。但是，我们要衡量一个人，光看家庭背景是远远不够的，光看学历背景是远远不够的，光看职业背景是远远不够的——我们得看他思想上的背景、灵魂上的背景。

或许可以说，一个人的背景可以一贫如洗，可以两手空空，但却不能不拥有最起码的正义感、最起码的荣辱观、最起码的判断是非的能力！

别做“趋光性”动物

“我的丈夫，就只会实干、苦干。刚谈恋爱时，我还因为他一天到晚围着我做这做那而深受感动，可是等结了婚，我才觉得一个男人光这样是不行的，是不会让我的这一生能够在亮处活一活的。可是，吵也吵过了，怄也怄过了，还是得跟他过日子。管他呢，就这样跟他过吧，他如果是个好丈夫，他或许就是很多人的丈夫。现在的社会，婚外情泛滥成灾，能赚大钱、能干大事业的好丈夫，别的女人也会爱上的，很多女人都会跑来跟你瓜分的。”一位女士在一个网络论坛上发帖说。

她的这番话引起了不少人的共鸣。一个女士跟帖说：“那些找了一个能挣大钱能干大事业的所谓好丈夫的女人，确实是要冒丈夫被人瓜分的风险的，也确实会饱受丈夫被人瓜分的痛苦。可是现在的女人，明明知道这种危险的存在，偏偏还是一门心思地想找那些能挣大钱能干大事业的男人做丈夫。所以，在我看来，女人嫁人，就是眼睁睁地嫁给危险的，嫁给痛苦的。”

看到这里，我的心都有点抽筋了，为女人的这种“明白”抽紧。女人为了找到一个优秀的男人做丈夫，一方面怀着一种很甜蜜很美妙的心情，另一方面也要怀着一种很无奈很悲壮的情怀。在今天这个时代，男人的优秀最主要的表现在能挣大钱能干大事业上，现在能被媒体广泛宣传热情赞扬的男人，几乎都是能挣大钱能干大事业的男人。

在信息时代，一个男人要活得风光，要使自己的家人活得风光，不被媒体关注怎么能行？而受媒体关注的男人，自然也是受女人关注的男人。女人要想活得风光，往往就要跟着媒体的宣传走。这世界上的许多女人，跟许多男人一样不能脱俗——喜欢将活得风光作为人生的价值标准。

我自己接触的一些女人，也是这样，如果丈夫不能让她活得风光，她就总是活在一种心有不甘的心态里——哪怕丈夫再疼她，家务事做得再好，再支持她的工作。很多活得心有不甘的女人，并不是多么缺钱用，也不是真正地热爱事业，只是觉得跟着那样一个丈夫过，自己活得不风光罢了。有的女人，要在这种不风光的痛苦中挣扎到老，才能安下心来。有的则是在参与瓜分别人的丈夫的过程中，把自己弄得伤痕累累、颜面尽失，才能转过头来安安静静地过日子。

对于这种“趋光性”，女人是那样热切地、心有不甘地去追求、瓜分能让自己活得风光的男人，很容易将男人弄糊涂。让能够风光的男人想拼命保住自己的风光，以致在保住风光的拼搏中丧失了太多的人生乐趣，过得太累太浮躁；而让那些无法活得风光的男人自暴自弃，自惭自贱，日子总觉得过得窝囊、不如意。我敢说，这世界上有很多男人成了女人的这种“趋光性”的牺牲品。

这世界本来是多姿多彩的，人生的意义与价值也是可以多元并存的，男人的可爱与美妙，也并非只是表现在能挣大钱出大名受媒体追捧上，作为女人，完全可以按照自己的见识、个性、情调、风格来生活，来选择适合自己心意、满足自己独有需要的男人做丈夫。女人，真的没必要做那种“趋光性”的动物，让自己活得没主见，没理智，没品格。

让自己越来越可爱的“阴谋”

洪屹嫁给陈泉宏的时候，对于做生意什么也不懂。在许多人看来，她也不需要懂。丈夫是个从台湾来的有钱人，生意让他做好了，她在家里，当好一个家庭主妇就行了。况且，丈夫也没想让她做生意，他哪里舍得让这个长得漂亮又娇气的上海姑娘去吃那份苦！

但洪屹却决定自讨苦吃。她在家里也是待了一些日子的。她一会儿整理一下家务，一会儿看看有关时装、烹调方面的杂志，一会儿对着镜子看看自己，一会儿翻翻那一本又一本的相册，一会儿又下意识地看看门口——总希望丈夫能够回来，让家里有一种生活的情趣，有一种恩恩爱爱的甜蜜。这样待着没几天，她就觉得心里的某个地方有点空了，她就隐隐地感到有点不安。有一天她就想到：虽然家是最可爱的地方，但一个人老待在家里，却会让自己一天天变得不可爱的；让丈夫觉得自己可爱是不可靠的，让丈夫觉得自己重要才可靠。

怎么能让丈夫觉得自己重要呢？她想，那得让自己比丈夫更会做生意。

她便跑到丈夫公司里，从零开始去跟丈夫学。丈夫笑着说："你既然来了，就得跟其他人一样认真啊。"她说："放心，我不是来当监工的。"事实上，她做起事来比其他人还认真。但既然是做事，加上又是新手，就总有做错的时候。丈夫不想当着其他人的面偏袒她，宁愿回去跟她道歉，也要在她做错事的时候狠狠批评她。好几次，都把她批评得泪流满面。她也气得想转身离开，再也不来上班了。不上班，丈夫反而要处处哄着她，让着她，因为在家里，丈夫不需要当着其他人的面，表演自己的处事公平，一碗水端平。

但她还是说服自己坚持了下来。她很快就把打印文件、处理杂务之类的事学会了。公司里那些一般性的工作，她慢慢地都可以胜任。但这时，她决定挤出时间，下狠心去考那些将来公司发展时需要具备的各种证照。她想的是，自己如果老是这样只会做些平平常常的事，当自己脸上的皱纹多起来的时候，或许他就会觉得自己无足轻重了，不再可爱了。她不能确定他是这样的人，但她得防着他是这样的人。经过五六年刻苦学习，她先后拿到了办贸易公司必须拿到的许多证书——如会计师资格证、报关员证、工业安全证、报检员证等。

等公司达到了一定的规模，她学到的这些知识就显得特别重要。这时候很多事情非得她出面去办不可。员工们有什么事不懂的，问陈泉宏，陈泉宏不懂，就让她来解答。她在员工们心目中的分量也越来越重。陈泉宏觉得这个公司交给她来管理，或许更合适。他也就主动把位置让出来，心甘情愿地当了她的助手。他认识到，他已经是缺她不可了，永远离不开她了。有一次，洪屹到一个厂里检查产品质量，途中遭遇车祸。虽然只是手臂受了伤，但陈泉宏赶到医院后，当着很多人的面，哭得像个孩子似的。记者问他为什么哭成这样，他说："她万一有个什么事，这个公司，这个家，我该怎么办啊。”

有趣的是，台湾的一个导演觉得他们夫妇俩很适合自己一部影片的角色，便让他们抽出时间在影片里出演一对夫妇。他们觉得最不好演的，竟然是一场需要他们吵架的戏。“我们从来就没吵过架嘛，她做得那么好，我怎么会跟她吵架呢？”陈泉宏为难地说。

“你看，从认识她到结婚7年，然后到现在，今年是结婚以后的第10年，等于17年了。这17年来，我们不但感情没有变淡，我还觉得我越来越爱她，因为她有‘阴谋’嘛，她不断把自己搞得越来越优秀嘛！”陈泉宏这样跟记者说。

在电视上看到他说“她有阴谋嘛”的时候，我一下子笑了起来。这种说法挺有趣!

对，这就是洪屹让自己越来越可爱的“阴谋”。她就是如此这般通过克服重重困难让自己越来越优秀，让自己变得越来越重要、越来越有魅力、越来越可爱。这样的阴谋，其实人人都可用。

不要用“最坏的人”安慰自己

“已经6点了，他穿好衣服轻轻地拥抱我一下走了。我没有看他，我希望这是最后一次和他在一起。我躺在床上，心里乱乱的，我再一次想我们该结束了。每次和他在一起我都感觉对不起老公，更害怕孩子知道。他是一个贪污公款的人，他今后如果东窗事发，被人知道了，会有损我的名声的。

只是我觉得，在这个世界上，他和我都不是最坏的人。”在网上看到这个帖子，我想这位女士或许应该对那些“最坏的人”说一声“谢谢”。正是有那些“最坏的人”的存在，她才能很轻易地给自己找到这样一个安慰。

只是，她能这样安慰自己吗？

一个人，如果学会了用“最坏的人”来安慰自己，安慰了第一次，很可能就会有第二次、第三次……任何一个人，如果这样的安慰越来越多，他离一个好人的标准就会越来越远，他离一个坏人的标准就会越来越近，接下来离最坏的人也越来越近！但是有些人，偏偏就喜欢用“最坏的人”来安慰自己。

“跟那些最坏的人比起来，我还算好的呢！”“怕什么，跟那些最坏的人比起来，我们已经够好的了！”我就一再听到有人这样说。我认识的一个熟人就曾这样说过。我的这个熟人，虽然最终也没成为“最坏的人”，但他却因为做了太多让人心寒齿冷的事，结果遭到亲朋好友的无情抛弃与唾弃，单位也把他给开除了。接下来，在他混得很惨很惨的情况下，一时想不开，便走上了绝路。在这个世界上，并不是只有“最坏的人”才会有一个很惨很可怕的结局的。

为什么有些人喜欢用“最坏的人”来安慰自己呢？我想，那是因为用最坏的人来安慰自己，特别容易将做了某种坏事的自己从痛苦与悔恨中解脱出来。一旦解脱出来，精神上立刻就轻松了，心理上立刻就平衡了，甚至还会产生出某种莫明其妙的自豪感、成就感，认为自己在做人上还是很不错的啊，还是比很多人强的啊。这种安慰就像吸毒一样，会因为毒害了自己的神经中枢而产生幻觉的。很多喜欢这样安慰自己的人，真的就像迷上了吸毒的人一样，深陷其中，难以自拔，最终成了毒品的牺牲品，成了“最坏的人”的牺牲品！

“最坏的人”是用来警醒自己的，而不是用来安慰自己的。“最坏的人”的价值就应该表现在这方面——让人在有可能做坏事的时候，想一想他们的卑劣下流、残暴凶险，想一想他们的千夫所指、万众唾骂，想一想他们的走投无路、插翅难逃，想一想他们的不得好活也不得好死！我坚信，一个人如果在任何时候，在任何情况下，都能用“最坏的人”来警醒自己，而不是安慰自己，那么，他的生命就更容易拥抱到安宁，拥抱到幸福，拥抱到成功！

珍惜婚姻的“原汁原味”

一个寻求婚外性刺激的女子，虽然寻到了她想要的“刺激”，但却给自己的婚姻生活埋下了不知如何才能除掉的隐患。于是，她在一家网站上谈到了自己的苦恼：“我在外面的事被丈夫发觉后，我再跟他在一起的时候，就莫名其妙地变得缩手缩脚了。过于主动吧，我怕刺激丈夫想起我和另一个男人在一起的情景；过于被动了，丈夫又会很受伤。而且自那以后，丈夫在床上明显地没有以前那些曾经让我很感动的细节表现了。我知道，在丈夫的心里，我已经不再是值得宠爱和尊重的女人了，我再也找不到从前幸福的感觉了。从表面上看，丈夫原谅了我，可是我却再也不敢恣意绽放了，我的婚姻已经明显变味了。”

为了寻求婚外性的那种刺激味道，结果却丧失了婚内性的原有味道，不知道这样的寻求，到底值不值得。但有一点是可以肯定的，婚姻的原汁原味一旦被破坏，要使它再恢复到当初的那种味道，就会成为一件非常困难的事情。但即使再困难，也会有人努力尝试着去恢复。那些最终能够恢复原有味道的，都是经过了长时间的艰苦努力的。这种努力成功了，被损害的婚姻才能重新严丝合缝地长到一起，两个人才能重新品尝到婚姻里的那种原汁原味的幸福。

原汁原味的幸福并不是没有缺憾的幸福，更不是尽善尽美的幸福。但是在这个世界上，谁跟谁的婚姻是完全没有缺憾的呢？谁跟谁的婚姻又从始至终都是尽善尽美的呢？以为别人的婚姻都是没有缺憾的，以为别人的婚姻都是尽善尽美的，这往往是一种错觉，而且是一种很容易让婚姻中的人犯糊涂的错觉。许多匆匆离婚又匆匆结婚最后又到处大吐苦水的人，就是这种错觉的受害者。“唉，夫妻还是原配好！”这是一代又一代人的大彻大悟，也是很多人发自内心的感叹。

原配夫妻好就好在他们的婚姻是原汁原味的——人活在原汁原味的婚姻里，心灵是最自由的，情感是最真挚的，行为是最自然的，精神是最放松的。原汁原味的婚姻，它的内核是互相信任。婚姻的“原味”，就是互相信任的味道。一个人活在互相信任的婚姻里，不仅最容易活得身心健康，而且也最容易在漫长的婚姻岁月里，将他们的婚姻经营得更醇厚、更甜蜜、更恩爱，甚至更具艺术性，从而远离婚姻的粗糙，除去婚姻的苦涩。

也就是说，原汁原味的婚姻也是会有一个粗糙的过程的，也是会生出许多苦涩来的。有耐心、有远见的人，自然不会因为这种粗糙和苦涩而见异思迁，而对自己的原汁原味的婚姻轻举妄动。他们会在婚姻中学习、体悟、改进、升华，逐步让自己的婚姻长成一棵不断开出灿烂的花朵、结出甜蜜的果实的大树。所以我想说，守住婚姻的原汁原味，就是守住了可以不断变得成熟、不断变得美好、不断变得“可口可乐”的婚姻。

夫妻生活中没有"女王"

"从我们身上能学到的最重要的一课就是宽容，正是女王教会了我这个重要的品质。"伊丽莎白二世女王的丈夫菲利普亲王这样评价妻子。在伊丽莎白二世登基60周年之际，女王和丈夫的"贵族模范婚姻"也即将走过65载。在外人看来，这段婚姻可谓"美满幸福"，不过也有媒体不断爆料，菲利普亲王不仅对自己的"入赘"身份颇有微词，甚至还多次出轨偷腥。对此，女王始终妥协忍让。

夫妻俩依然"同床共枕"，无论是在白金汉宫还是女王最爱的温莎城堡。"他们一直都保持着同寝的习惯，除非其中一人第二天需要早起，另一人不想打扰对方。"一名前王宫侍女称。一名王室助理还传出女王和菲利普亲王多年来和谐相处的秘密，是二人达成的一项"契约"：在公众场合，女王是高高在上的国家元首，而在家里则以丈夫菲利普为尊。

发生在他们之间的一个小故事，特别耐人寻味。有一次，菲利普亲王愤怒地返回卧室并用力甩上了门。女王本打算敲门主动示好。"谁？"菲利普问。"英国女王！"但菲利普并未理会，女王再次敲响了门。"是谁？""伊丽莎白二世。"菲利普依旧没有开门。"我是你的妻子，能开开门吗？"菲利普此时才心软。

是啊，只有将自己的身份彻底放下来，才能让人心软，那扇已经对你关上的门，才能重新为你打开。发生在他们身上的这个小故事，或许会给许多身上有着某种显赫身份的女性，带来如何处理好夫妻感情的宝贵启示。

人有身份，当然是好事。特别是能拥有某种显赫的身份，那既可以让自己赢得广泛的尊重，又可以让自己掌控令人艳羡的资源。许多具有这种身份的人，特别是许多具有这种身份的女性，就会情不自禁地显示出某种优越感，甚至情不自禁地将这种优越感带到自己的配偶面前——将自己扮演成渴望处处受到特别优待的“女王”。

在我们这个官本位思想特别浓厚的国家，某些女人一旦有了一官半职，她在外面被那些善于溜须拍马的人侍候惯了，她的内心世界一天天被扭曲，再回到家里来，她就会在配偶面前变成另外一个人，昔日的温柔、贤淑、体贴、细致、耐心、周到统统都不见了，取而代之的是冷漠、生硬、严厉、挑剔、蛮横、霸道。这样的变化，显然会让配偶不知所措，无所适从。这种情况下，夫妻关系就会陷入越来越恶劣的状态，甚至有可能酿成某种可怕的悲剧。

前不久，某地就发生过一起丈夫将身上有官职的妻子杀害后抛尸的案件。他把妻子杀害了，还装作痛不欲生的样子，到处去寻找。案子最终还是破了。这个男人理应受到法律的严惩，但这样的悲剧更应该引起那些喜欢在婚姻中扮演“女王”的人注意：自己的地位提高了没错，自己身上有了一官半职也没错，但如果因此就失去了为人妻者的美好品行，那就很可能会铸成大错！

光有“女人味”是当不了总统的

立陶宛通过选举迎来了自己的首位女总统。女总统名叫格里包斯凯特。

笔者注意到，媒体在报道她当选的消息时，特意说到她不仅把英国的“铁娘子”当作偶像，而且还酷爱武术，是空手道黑带高手。那潜在的意思好像是：女人想当总统，必须够“铁”够“黑”，谁想带着一身的女人味当总统，没门。

是啊，女人味太浓，当总统的情妇或许还可以，但要当总统，那是没法子让选民投她票的。记得若干年前，美国的一位“女人味”很浓的女性工作者决定竞选总统。为了拉选票，她一次次跑到大街上，向选民们展示自己的丰满胸脯和性感大腿，还有各种媚态十足的笑容。围观的人虽然不少，但乐意把选票给她的，却少得可怜。她在第一轮就败下阵来。选总统毕竟不是选美女。选美女是用来看的，选总统却是要她带领着全体国民在复杂多变的国际潮流中劈波斩浪，赢回足够多的利益和尊重。

我想，格里包斯凯特之所以能够当上总统，她的“空手道黑带”经历一定帮了她不少忙，帮她去掉了很多的女人味。我在网上查了一下，练空手道仅仅练到黑带初段，就要达到“手刀可以砍破三层1厘米厚叠在一起的木板，可以做三指俯卧撑30次”的标准。可以说，能够练到用手刀砍破三层木板的功力，她身上的女人味至少得练掉三层。空手道制胜的法宝是凶狠的力量与深厚的功夫，而不是体现出女人味的眼泪与撒娇。练空手道让格里包斯凯特离女人味越来越远，但离总统的宝座越来越近。

对男人流泪和撒娇管用，对选民流泪和撒娇，那泪和那娇就贱若粪土了。男人一旦变成了选民，他就会用另一种眼光看女人。你越是喜欢流泪，喜欢撒娇，他看你的那一种眼光里，就越是写满了怀疑、不信任。对男人流泪，对男人撒娇，那是把男人视为强者，那是为了寻求男人的呵护与保护。

在选民面前流泪、撒娇，展现自己的女人味，男选民怕，女选民更怕。女人想当总统，就得从想的那一天起，学会跟自己身上的女人味过不去。就得一点一点地减少自己身上的女人味。既需要通过发表以铁娘子为偶像之类的宣言来减少，也需要通过拥有“空手道黑带”之类的人生经历来减少。减少了未必能当上总统，但不减少，却是万万不可能当上总统的。

格里包斯凯特显然是一个通过减少女人味而当上总统的成功者，她的经验值得其他想当总统的女人借鉴。但她的经验也说明，女人当总统要比男人做出更多的牺牲，连自己与生俱来的女人味都得牺牲掉。

女人当总统必须尽可能多地牺牲掉身上的女人味，这件事也说明，我们所处的这个世界正在大规模溶解，除了南极的冰川，好像还没有别的什么——那些潜藏在人心深处、人性深处的坚冰仍然硬得可怕，冷得可怕，以至于任何一个国家的任何一个人，哪怕是一个女人，只要她想成为国家领导人，就得拥有铁的手腕、铁石心肠！

如果女人可以带着鲜明饱满的女人味当总统了，我们的世界就变得比今天更可爱了。

像劳拉那样做女人

“威士忌或我，你只能二选一。”报纸上说，劳拉曾这样对布什发出“最后通牒”。布什自从1986年7月6日40岁生日那天清晨开始，就在夫人的劝告下戒酒，从此滴酒不沾。可是有一天，身为总统的布什在其德州农场度假时，惊闻飓风造成重大灾难后，显得焦躁不安。接着，他拿起桌上一整瓶德州纯威士忌，全部狂灌下肚。第一夫人劳拉被吓得目瞪口呆！她也立即对其发出了上述通牒。

在劳拉看来，这个通牒意味着：哪怕你是总统，我也不能容忍你随便乱来！我也可以用“二选一”的方式来警告你、威胁你，甚至抛弃你！也就是说，劳拉只可能爱一个任何时候都不能、都不敢乱来的丈夫，而不可能爱上一个一有压力或者一有机会就可以任性胡来、为所欲为的官员，哪怕你当着国家至高无上的官！

可是在我们国家呢？哪怕丈夫只是个芝麻大的官，哪怕那个当着芝麻大点官的丈夫日日都泡在酒桌上，经常醉得像条死狗似的回到家，他们的妻子也不敢说他一个不字，更不敢说“酒或者我，你只能二选一”的狠话了。她们做得最好的是，赶快把醉得像条死狗似的丈夫扶到床上，如果他吐了，再赶快屏住呼吸把呕吐物清扫干净，接下来还要用热毛巾给他擦脸，想办法给他醒酒。有的女人，还以丈夫每天喝得红光满面回家为荣，以为那是他在外面吃得开、有本事，像个大丈夫。然而，这些女人这样做的结果是什么呢？

我的一位朋友，因为有事要找某部门的一个头头，竟然连续三天都没找到，白天找不到，晚上也找不到，“我每天晚上十二点钟去，他都不在家，只有他的妻子，一个人在客厅里孤独地坐着，我问她怎么不休息，她说睡早了睡不着。后来我才知道，她的丈夫在外面跟别的女人住在一起，一个月没有几个晚上能让她等回家。但是我发现，到了外面她还是像没事似的和别人又说又笑，享受着别人的恭维，我心里就想：她在这世界上活着，能够享受的就只剩这点虚荣了啊！”

说得我的心好一阵痛。这些年曝光出来的贪官，哪个不在外面养女人？他们的妻子是不是也只能深更半夜了还在那里独守空房呢？为了享受官太太的那一点虚荣，她们付出的代价是不是太大了呢？不仅独守空房，还要为那些来路不正的钱担惊受怕，有的还要陪着丈夫被押上审判台！有的不仅自己要连带着坐牢，孩子也要一起被判刑！

这也是我佩服劳拉的原因。连酒都不让你喝，更不要说让你在外面玩女人、拿着国家的钱赌博、发了疯似的收受别人的贿赂了。劳拉这样做，既是为布什好，更是为自己好；既是为了保证布什拥有长远的幸福，更是为了自己拥有长远的幸福。

做女人，就应该这样“自私”！就应该自私得你做再大的官也不能让你为所欲为——你的为所欲为就是损害我，我就要警告你、威胁你，甚至抛弃你！男女平等就应该包含着这种“自私”理念。你当再大的官，我也不可能成为你的附属品，也不可能容忍你来随意损害我的婚姻幸福！没有这种意识的男女平等，都是假的、虚的、丑的。

做女人，就得像劳拉那样！我相信我这样说，没错！

像李娜那样受欢迎

李娜回到母校，兴奋的学子们纷纷向李娜提问。“娜姐在哪个食堂吃饭？”“娜姐在哪个寝室住？”“娜姐常去的球场是哪个？”……学子们不放过这位冠军学姐在校生活的点点滴滴，他们的好奇心被李娜一一满足。“我们要将这些地方都挂上李娜的牌子！”一位同学提议引来大家热烈的掌声和欢呼声。

看到报纸上的这些话，我不由得笑了。人们实在是太喜欢李娜了，各式各样的人都喜欢。有个人大胆向她表白：“李娜，你知道不知道，我已经喜欢你12年了！”自然我也喜欢李娜，已经为李娜写了好几篇文章。

那么，我和大家为什么如此喜欢李娜呢？我想原因很简单：我和大家都特别爱自己。

人们爱自己，最怕的就是委屈、出卖自己。只是，绝大多数人都做不到这一点。

然而李娜，她像是一位横空出世的英雄，在这一点上做得很不错。

你看她在任何人面前，在任何场合，都敢把自己心里最想说的话说出来，哪怕当着很多记者的面：“你们这些领导和教练让我出成绩，不就是要升官发财、分房子吗？”“不要说我为国争光，我是为自己。”……

她还敢把那么多人向往的官位不当回事，不因为有官当就出卖自己的真性情。

她觉得当官不适合她，就绝不让官位来改变自己。李娜清醒地知道：许多人在官场上的那种改变，实际上就是对自我的一种出卖！

不论是在球场之上，还是在球场之下，她的表现都是那么的率性、坦诚、独立、自由，把一个具有现代精神、时代气息的真我，表现得淋漓尽致、光芒四射！

人们喜欢李娜，就是希望像李娜那样做人，就是认为那样说那样做最合自己的心意，最能表达自己的追求。

也就是说，李娜身上的那种光芒，照进了许许多多人的内心深处，让人们看见了隐藏在自己内心深处的那个本可以跟李娜一样活得顽强不屈、自尊自爱、自由无拘的真我。人们清楚地意识到，李娜为人们心中隐藏的真我开辟了一条可以一跃而起，奋力前行的道路。

人们爱李娜，就是爱自己心中的真我，爱自己的未来！

“世界小姐”也要当妈妈

素有“印度第一美女”之称的女星艾西瓦娅，最早是以模特的身份出道，她的完美体态羡煞了许多人。未料2011年11月产下一女后，艾西瓦娅迟迟未能恢复窈窕身形与昔日美貌，惹来印度若干民众的非议，认为她有辱印度国际形象，放任体重持续上升的举动形同“叛国”。

艾西瓦娅曾夺得1994年世界小姐冠军，蓝绿色的魅人双眼，全身散发出的神秘又独特的气质，让她一跃成为印度宝莱坞当红女星。从此，印度上下视她为心目中的女神，是国宝。这位“国宝”直到38岁才有了自己的孩子。2012年5月，她以妈妈的身份出现在媒体前，“圆润脸庞，再加上厚实的双下巴，一副十足的大婶模样”。对比昔日身姿与容貌，简直判若两人。

印度人纷纷在社交网对她评头品足，许多人的留言尖酸刻薄。有人更制作艾西瓦娅“诞女前后”的对比片段，配以大象跺地的声音揶揄她。

印度网民认为瘦身是艾西瓦娅的职责，不瘦身如同渎职，不但侮辱了“世界小姐”的头衔，更严重影响全球对印度美的观感。对于外界批评，艾西瓦娅只淡淡响应：“我享受做妈妈。”这个“淡淡的回应”回应得好。这说明她对包括“叛国”在内的种种批评不以为然；说明她认为享受做妈妈的幸福与快乐，比保持“世界小姐”的娇美身材更重要，更有意义。

由此可见，这位昔日美女的头脑非常够用。想想看，她都被人们当成国宝、当成女神了，可她丝毫没被这种大得不能再大的荣耀弄糊涂——她全然不把这种令无数人仰视的荣耀当成束缚自己个性与意愿的紧箍咒。她想怎么生活就怎么生活，她该怎么生活就怎么生活。

这是表现在她身上的另一种思想的大美。正是这样一种让自己保持独立思考和头脑清醒的思想之美，才能被一个人视为立身处世的基本“国策”。正是有了这样一个“基本国策”，艾西瓦娅才不怕别人说她“叛国”，她才知道那种说法虽然听起来唬人，但却经不起分析，经不起批驳，是完全可以不把它当回事的。

在艾西瓦娅看来，女人的美，可不仅仅是为了当“世界小姐”的。女人的美，当了妈妈后，才能转化为母亲的美。在孩子眼里，圆润脸庞就不美了吗？厚实的双下巴就不美了吗？人类最美是母爱，人类最美是母亲——是母亲身上的那种最最无私的美。

跟艾西瓦娅比起来，那些宁愿不当母亲也要保持自己的苗条身材、娇美面容的女子，是不是太肤浅、太不懂得做女人了呢？印度的许多网友站出来支持艾西瓦娅，说“这样的女人才是真女人”，“到了她这个年龄，无可避免会有岁月留痕，最重要是母女健康”。

呵，我这个中国男人，也要站出来支持她。我要特别支持她活得有思想，有见识！

两性花园

9999朵玫瑰

天津市的一名男子，听说情人节的玫瑰花卖得特别贵，便在情人节的前好几天，把玫瑰花买回来放进了冰箱内冷藏。情人节这一天，他和女朋友在约见的地点将鲜花拿了出来，谁料，由于玫瑰花遇到常温后有些发蔫，加上一路的颠簸，花瓣也掉落不少。见此情景，他的女朋友当即气得心脏病发作，要不是及时送医院诊治，恐怕连生命都会失去。

唉，现代人的心脏可真是跟着现代人吃苦了。这事儿若是发生在古代，哪怕那男子送来的是一把干枯的野花，女孩儿也是会笑吟吟地接在手里，一再道谢的。在古人看来，人家能这样送，已经是“礼轻情义重”了。古人看重的是对方的心，只要对方有那个心、只要对方的心意到了，至于送什么礼，那是不必太过计较的。但是现代人呢，现代人更多的是把眼睛盯在对方的礼上，至于对方的心意如何，那是不必在意的。不在意别人的那一片心，感受不到别人那一片心的真诚与美好，自己的那一颗心就特别容易受伤害、出问题——甚至还会弄出心脏病发作的事情来。

看来古人的那句“千里送鹅毛，礼轻情义重”，是不能为保护现代人的心脏提供服务的了。这句“千里送鹅毛，礼轻情义重”，就是要让人不论收到什么礼物，都要尽量往好处想啊。一往好处想，心里就舒服了。心里舒服了，心脏自然就好受了，就能避免受到无端的损害了。古代人虽然有千般不是、万般不好，但他们的这种无论如何也要爱护好自己的心脏的想法，却是至为宝贵的。所以，古人活得很累，那只是身体累，现代人活得很累，则是心累。

心累，是因为现代社会对人心产生刺激的东西太多。每一个刺激，都像一记重拳扣过来，扣向那日夜都在辛勤跳动着、工作着的心脏。现代人的本事，往往就表现在刺激他人的心脏上。你向你的女朋友送10朵玫瑰，我就要向我的女朋友送100朵玫瑰、甚至是999朵玫瑰、9999朵玫瑰。总之，我一定要让你的女朋友说你无能，羡慕我有本事，同时也要让你饱受刺激，让你在我面前抬不起头来。所以，在某些人的感觉里，某些人送给女朋友的9999朵玫瑰，实际上是扣向许多人心脏的9999记拳头。

现代人的心脏，从小到大都在饱受这种拳头的痛击。别人的考试分数高，别人的爸爸妈妈身居要职，别人读的是名牌大学，别人干的工作特别赚钱，别人的房子越住越豪华，别人的车子越开越有档次，都会使人深受刺激，饱受那种无形拳头的猛烈痛击！哦，文章写到这里，我的鼻子猛然一酸，泪意猛然一涌。我胸腔里的这颗心脏也是跟着我经受了太多太多的刺激和痛击的。

对不起自己胸腔里那颗心脏的人实在是太多了。新华社最近就专门发了一条题为《冠心病已不是老人的“专利”》的消息：“近年来，一些中青年人因为年轻力壮，在突发胸痛时，想不到是冠心病而耽误抢救，甚至送命，此类悲剧频频发生。据南京军区南京总医院心内科统计，这个科最近救治的40例心肌梗死病人中，有9例为40岁以下的患者，其中最年轻的人只有29岁。有关专家指出，由于不健康的生活方式、工作压力增大及生活节奏加快，我国冠心病呈年轻化趋势。”没有健康的心脏，就没有健康的生命，也就没有生活的快乐和幸福可言，自以为聪明到极点的现代人，怎么连这个浅显的道理都不懂呢？

我真想跟那个天津的女孩子说：不要瞧不起你男朋友送给你的那一束玫瑰，不要跟那些收到9999朵玫瑰的人去比。我也要跟自己说：那住在豪华房子里的人并不一定比你活得安宁，那开着奔驰宝马的人并不一定比你活得幸福，那身居高位的人并不一定比你活得有尊严，那毕业于高等学府的人并不一定比你活得有价值。你完全可以不再让自己的心脏受到那些人的刺激，你完全可以不再让那些房子、车子、位子、牌子变成敲击你心脏的拳头。

从今以后，那些总是让自己的心活得很累很累、也总是让别人的心活得很累很累的人，请不要在我面前谈智慧，谈本事，谈真诚，谈善良。从今以后，我愿我自己的心也愿其他人的心，都能活得很放松，很愉悦，很舒服，很美妙，很滋润。

现代人一定要比古代人更爱惜自己的心脏！

没有绯闻很“不幸”

一个朋友说，现在的报纸上几乎每天都有关于绯闻的报道。我不由笑着说：“好在本人活到四十来岁，还没弄出一点儿绯闻来。”朋友不以为然地说：“好什么好呀，活到如今还没弄出一点儿绯闻来，你应该感到很不幸才是！”他于是扳着手指头，给我列举没有绯闻的种种不幸。

没有绯闻，说明你不是娱乐明星。你看人家娱乐明星的绯闻多不多？有的是一天一个绯闻，有的是一辈子都生活在绯闻之中，有的是没有绯闻还要挖空心思地造出绯闻来！有了绯闻才有知名度，有了知名度人气才高，人气高了演出时才火爆，演出火爆才能财源滚滚胀破腰包！你不是娱乐明星，就说明你没有这方面的才华，你就是演艺方面的庸人啊！

没有绯闻，说明你不是体育明星。你看如今体育明星的绯闻多火呀！不火也要弄些这宝贝那宝贝让他们火！你看那些足球宝贝、围棋宝贝、赛车宝贝多性感多迷人！有这些宝贝围着那些体育明星们转，冲着他们笑，他们能不花心、不想入非非、不弄点绯闻出来？你看，连正人君子乔丹都弄得满世界的人大跌眼镜呢！你不是体育明星只能说明你不是搞体育的料，你是体育方面的庸人！

没有绯闻，说明你不是企业明星。现在的企业明星就是大老板，有的老板胆子可是大得很呢。他们在招聘女大学生时竟然敢问她们跟男朋友上没上过床，乐不乐意为了企业的发展给客户提供各种形式的服务。他们不仅自己玩情人养小蜜，而且还敢拿美女当礼品送人！

没有绯闻，说明你不是学术明星。现在的学术界早已不是什么净土了，当教授的可以抄论文，也可以包二奶——我认识的一位文友写了一篇教授包二奶的稿子投到报社，报社说这已不是什么新闻了，不登！

没有绯闻，说明你不是走私明星吧？嘿，你可不要瞧不起人家走私明星，连那么多有头有脸的党政要员都跟人家称兄道弟，好得一个鼻孔出气，一大堆人合穿一条裤子呢！他们在曝光之前也是风光无限，派头十足的人物呢！他们在曝光之后的绯闻也是够档次、够级别的呢——国家级的歌星明星、名模在他们身后排着队呢！

没有绯闻，说明你也不是一个艺术明星。自古以来，艺术家们都是既出作品又出绯闻的，更何况当今时代，作品早已打上了商品的烙印，泡妞、三陪、私奔……在某些人看来更是成了思想解放、观念更新的象征，现在许多艺术明星都狂着呢，他们偎红依绿活得滋润着呢！有些人在他们面前总喜欢说“自叹弗如”，实际上那是在慨叹自己没有桃花运呢！

没有绯闻，说明你自己既不是以上各种各样的“星”，也说明你的老爸老妈也不是以上各种各样的“星”。既然如此，对不起，那你就得两手空空地白手起家啦。中国人这么多，竞争如此激烈，你要想赤手空拳地打出自己的一片天地来，这种奋斗的过程可是太艰难了！

这位朋友噼噼啪啪一番话说下来，说得我目瞪口呆，我既不好赞同，也不好反驳。平心而论，我认为他说得很精彩、很有趣。

听我说“露骨”

“只是一刹那的时间，很多人都找你聊天，让你眼球看不过来。新奇、大胆、露骨的招呼，叫你应接不暇。保守的都打上：‘你好’。绅士的都打上：‘你好，能跟你聊聊吗？很高兴认识你。’露骨的都直截了当地说：‘一夜情吗？’‘寂寞吗？’连一点礼节都不讲了。越来越多的人让我应接不暇，于是我开始淘汰一些无聊的人士，主要是那些露骨的人，无一例外的全都淘汰了。”

这是一个网友的网上“独白”。她的“那些露骨的人，无一例外的全都淘汰了”，让我笑了起来。笑什么呢？笑网上做事真方便，不喜欢露骨的人，轻轻点一下“删除”，就把他们全“淘汰”了。也笑网上的“露骨”，还真是考验人。它露出的那些东西，都是挺能撞击人的心扉的。有些心扉关得不严或者不牢靠的，说不定它轻轻一撞，就能撞进去。那个网友说这些露骨的人“连一点礼节都不讲了”，可她要知道，互联网这玩意就是个最能让人“节省”礼节的地方。当然，节不节省，节省多少，那都是个人的自由。不过，更多人上网是喜欢把现实生活里的礼节尽量多省些的。如果省到赤裸裸的地步了，那就会给人一种很露骨的感觉了。说来有趣，据说不少在网上表现得很露骨的人，到了网下，往往是文质彬彬、礼数周全。

当然，这些人表现得露骨，并不限于一上来就要跟别人“一夜情”的，网上可供人露骨的地方很多。几乎什么样的“骨”，都可以让你一次露个够。为什么那么多的人会迷上上网？为什么互联网的发展会如此神速？依我看，一个很重要的原因就是人们在网上可以尽情地表达自己很露骨的思想和欲望，可以尽情地享受充分而露骨地表达自己的快乐。

“平时上班，说一句话，脑子不知要拐多少弯，见一个人，不知要用多少礼节礼貌，总是把自己包装得严严实实的，多憋闷啦！你说我上了网还能这样吗？”一个在机关工作的朋友说。他说他上了网也是很露骨的，在论坛里灌水、拍砖，几乎是“光着膀子”上阵。他说“人不能老是活在礼节里。人是常常需要从礼节的深处出来透透气的。其实，人类就是从那种三叩九拜的礼节中走出来的。越往前走，人类身上的礼节越少。我相信，在这个世界上没有多少人真正喜欢那些等级森严、尊卑分明的礼节。它们表面上是让人不露骨，实际上是要束缚和扼杀你，把你束缚扼杀成一个逆来顺受的空壳，到时候你就是想露出点什么骨来，也是没有可露的了。”

不能不承认，他的这番话很有见地，也很精彩。也不得不承认，正是许许多多的人，敢于、乐于在网上很露骨地表达自己的思想、感受、见解、喜爱、愤怒、欲望、烦恼、困惑，被人说成是“虚拟世界”的网络，才让人觉得是那么真切，反而能帮助人活得更真率、更真诚、更真实。

网上也确实有许多让人讨厌、恶心的露骨，甚至也有许多容易让人受骗和“犯错误”的露骨，但只要我们对它们保持必要的警觉和睿智，看透它们的本质，拒绝它们的诱惑，它们也就只能自行淹没在网络的汪洋大海中了。

别等婚姻倒了再来扶

下雪的时候，因为脚下一滑而跌倒在地上，这本来是很常见的“雪中一景”，但武汉市一位姓严的女士，却让自己跌出的“雪中一景”，变成了报纸上的一条新闻：她居然因此要跟丈夫离婚！

消息是这样说的：那天早上，小两口一起搭车去上班。下了楼，严女士发现小区里的路很滑，就提醒丈夫金先生小心。这种情况下，难道丈夫不应该首先提醒妻子注意？不仅要在口头上提醒，而且还应该在行动上有所表示——是不是要伸出手来，做出一个保护性的举动？夫妻关系的好与坏，往往就是在这些细节上体现出来的。

那位金先生呢，当时只是答应了一声，但是并没有伸出手来扶严女士，他仍然是自顾自地走在前面。哪晓得没走多远，严女士便“砰”地一声，重重地摔在地上。金先生这才转过身，伸出手要扶她起来。她却很生气地甩开了金先生的手，自己爬起来，一个人打车走了。见妻子生气地走了，金先生居然也没有做出进一步的表示。

到了晚上，严女士一回到家，就跟金先生提出离婚。她在接受采访时说：“他就是这样一个人，从来不关心别人。我好心提醒他路滑，他根本就不管我。这只是一件事，我们结婚三年了，我越来越发现他是一个不懂照顾妻子，不关心别人，自私自利的人。在他眼里，他自己才是最重要的。”

金先生万万没想到，早上摔倒在雪地上的，除了他的妻子，还有他们的婚姻！他心想：难怪早上她不要他扶呢，她是存心让他们的婚姻摔在地上不起来啊！他这才意识到：人摔倒了不可怕，真正可怕的是婚姻摔倒了；一旦婚姻摔倒了，再要扶它起来，那就很困难了。

“她看见路上滑，就提醒我小心，而我看见地上滑，就没想着要提醒她。生活中有很多这样的事，都是她在关心我，而我没想着关心她，我们的婚姻，就在这种单向的关心中慢慢失去了平衡，并最终倒了下来。现在想来，都是我做得不对。”金先生在接受记者采访时这样说。

是呀，婚姻最容易在单向的关心中失去平衡。

单向的关心是最容易被误解的——以为自己就应该这样被关心，以为自己天生就是一个享受单向关心的人，以为对方这样关心自己是自己特别有本事的表现……误解关心，其实是误解婚姻。婚姻中的人是平等的，婚姻中的情与爱是双向表达的，婚姻中的关心也是心贴着心地来互动来体现的。对婚姻的误解，必然会产生伤害婚姻的想法与做法。而婚姻，是无法在单向的支撑中长期站立着不倒的。

婚姻一旦倒下了，就说明婚姻已经伤痕累累了，已经伤筋动骨了。

所以聪明的人，是不会在婚姻倒下之后，才伸出手来扶它的。聪明的人一定是时时地用自己的心来感受自己的婚姻、来感悟自己的婚姻，一旦发现自己的婚姻悄悄地朝着哪个方向倾斜了，或者是发现外在的环境里有什么因素会让自己的婚姻失去平衡了，他一定会及时伸出手，会及时采取措施，会在自己的婚姻倒下之前把它稳稳地扶好。

那些百年好合的人，那些白头偕老的人，并不是他们的婚姻特别美满，特别幸福，只不过他们都是一些善于在婚姻未倒之前就能将它扶好扶稳的人；而一个总是能将自己的婚姻扶好扶稳的人，他自然能在婚姻的漫漫长途中享受到更多的美满、更多的幸福。

富豪们的择偶条件

这些年，媒体上老是出现富豪征婚的消息。富豪还用得着征婚？很多人都不信这消息是真的。可是，如果它是假的，媒体怎么会一而再再而三地拿自己的“生命”开玩笑？新闻从业人员都知道，真实是新闻的生命！

此类消息让我不舒服的是，富豪们的择偶条件，不约而同的，都把女子没有性经验放在极其重要的地位——甚至是首位。那意思是，只要身高相貌能达到富豪要求的妙龄女子，在遇到这些富豪之前，都得为他们守身如玉，都不能对任何男人动情。问题是，这怎么可能？

现在的女孩子，谁能在真空中长大？或者说，谁能在没有异性的环境中长大？只要有异性，到了一定的年龄，就会出现相互吸引、互相爱慕的情况。互相吸引是从心生好感开始的。一个人，长着一颗容易心生好感的心，那样的心才正常。但是，按照富豪们的设想，身材、容貌足够出众的女子，都不应对任何人心生好感，一定要让自己长出一颗对任何人都不能心生好感的心——除了对富豪。

因心生好感就容易心生爱慕，就容易陷入到那种极其美妙而热烈的初恋感觉。呵呵，该有多少人的“性经验”，就是在这种情境下诞生的。

其实，在熊熊爱焰的包围之中，人的克制力是非常靠不住的。

但靠不住也得靠——按照那些富豪们的要求，你只要容貌足够出众，你就得拿出钢铁般的意志来保持你的克制，你就得像躲避毒蛇猛兽一样躲避初恋与热恋。当然，你也不能阅读那些可以激起人的美好向往——可以让人动心动情的作品，哪怕它是举世公认的世界名著！你真的得让自己生活在无情无爱的真空中，一直等到富豪出现来把你挑选。问题是，这样的生活难道不是反人性反文明的吗？

那些富豪们，他们自己会在一种反人性反文明的环境中，从小长到大吗？

但是这些富豪，一定是在扭曲人性歪曲文明的环境中长大的，不然，他们不会提出这种反人性反文明的择偶要求。

显而易见，这些富豪的富，只是表现在物质财富的拥有上，而不是表现在精神财富的拥有上。他们的身体，虽然早已住进了金碧辉煌的别墅，但是他们的灵魂，很可能还在垃圾堆里打滚。

透过这些富豪们的择偶要求，你可以发现，他们的财富绝对不是建立在可以保证他们长远发展的软实力上，他们的经营模式与理念，一定存在着许多极不健康甚至是极其邪恶的东西！表现在他们身上的那种轻狂与得意，正在为他们的未来挖掘陷阱！

嫁给这种人，或许可以享受一时的“荣华富贵”，但却很难享受到真正的爱情与幸福！

别怕有人对你动“歪心”

一位自以为长得还算漂亮的美眉，将自己的一组照片贴到某网站里，并对网友们说："大家看我长得漂亮吗？别动歪心哦。"可偏偏就有人动歪心了，有些特别敢说的男人竟然把那些个动歪心的话说得很邪乎。不知那位美眉看了那些动歪心的话是否很生气、很难受，若是这样，我愿意免费为她做思想工作。

我会说，你看那些舞台上的明星，为什么要把自己打扮得那么性感？甚至把自己弄到裸得不能再裸的地步？难道他们不知道他们这个样子是很容易让观众动歪心的吗？他们当然知道，他们就是要让别人动歪心的，他们就是希望别人动歪心动到尖叫、发狂的地步。那一个个明星，就是靠着别人的尖叫和发狂辉煌着的，灿烂着的，发财着的。那众多的歪心只会让他们活得更快乐，更得意，更有身价，更有资本。哪一天没有人对他们动歪心了，他们的明星生涯也就到头了。他们中的许多人，宁愿故意在舞台上一再走光，也要让自己活在别人的歪心里。

我会说，就是普通人，也需要别人动歪心的啊。你看现在该有多少人隆胸、割双眼皮、把鼻梁垫高、把身上的肌肉锻炼得很发达，他们就是嫌自己原来那样子没法让别人动歪心啊。"我走在街上回头率高了，还有人给我送花了，我老公立刻就对我好多了，原来，外面没有人打你的歪主意了，他也不会把你看得像个宝似的。"我妻子的一位女友这样说。不动歪心能打歪主意吗？是啊，一个人活得外面的人可以对他动歪心了，他在配偶的心目中才能有身价啊，才能从他那里享受到更多的情和爱啊。这就是"歪"与"正"的辩证法：拥有"歪心"的人，才能使自己在某些人的心目中"正"起来，才能让自己在生活中拥有一个很"正"的位置。

我会说，不论别人动什么样的歪心，只要那歪心仅仅在别人的心灵里动，只在别人的眼睛里动，只在法律规定的框框里动，那就让他动好了。人家那样动既是人家的权利和自由，同时也是别人对你的"另类评价"：或许是评价你的容貌好，或许是评价你的身材佳，或许是评价你的情态美，或许是评价你的气质雅。这种"歪心"的评价，除了在网上可以借助网名的遮掩直裸裸地说出来，在其他场合表达出来的一般都挺含蓄、挺婉转，不会把人怎么样的。

我会说，一个人拥有让别人动歪心的地方越多越好，越持久越好。如果你到五十岁六十岁，七十岁八十岁，还能活在某些人的歪心里，那你就太了不起了，太值得骄傲了。我还要说，任何人对你动歪心都行，任何人都可以把他的歪心动得天花乱坠，在他的歪心里想入非非，但是在形形色色的歪心面前，你得永远行得端、坐得正，永远守住自己的那一颗正心！

千万别对“想”动手

“我真恨不得找人揍他一顿！”朋友说。说他妻子小时候的一个小伙伴，“小时候就很想她，现在都过去二十多年了，他居然还在想她。”我立刻说：“你千万别乱来，人家只要是在心里想，不论怎么想都是不犯法的，甚至可以说，不论怎么想都是人家的权利。”

我是最反对有人对“想”动手的。

“昨天接到一个女网友的电话，竟然聊了一个多小时，还真是挺开心的。不过我可没有想别的哟，老天作证！”我的一位朋友在发给的我电子邮件中这样说。我说“就是想了‘别的’又有什么错呢？想，不论想什么，怎么想，都是人生的一种非常宝贵的享受。”

想，最大的妙处就是谁也不能探知，谁也无法作证——“老天”也不能。所以，一个人想什么怎么想，那完全是他自个儿的事，跟谁也没有关系的。不，千万不要这样说。在这个世界上，哪怕是完全不沾边的想，远隔千山万水的想，想的人和被想的人，也是有着千丝万缕的联系的。至少我是这么认为的。我敢说，有些一辈子也不会跟我说上一句话见上一次面的人，他对我的想也是对我有着重要而深远的意义的。

有人想我，有很多人想我，呵呵，这该是一件多么美好、多么令人高兴的事！有时走在街上，发现有人用眼睛瞟我，发现有人回头看我，我表面上不动声色，但心里面却是美滋滋的。那些瞟我看我的人，也许这一生就是这么萍水一遇，但他们的那一瞟、那一看，却是一点一滴地积攒着我内心的满足感和自信心。这也是那么多的人为什么出门前要精心打扮的原因。人家就是要让自己赢得更多的想——别人的那一瞟、那一看，肯定是伴随着某种思维活动的，那种思维活动即是“想”。

在这个世界上，我需要想别人，我也需要别人想我。这世界上没有足够多的人想我，就说明我不值得足够多的人想，即说明我在这个世界上活得不足够精彩、不足够美妙、不足够可爱、不足够性感。为什么怕说“性感”呢？你看那些影视明星和歌星，不是每天都在较着劲儿在进行“性感比赛”吗？人家把自己弄得尽可能的性感就是要人想的。这些人心里比谁都清楚，想他的人越多，他的影片光碟就卖得越红火，他的出场费和广告费就会高得越吓人。有千千万万的人想他，正是他的资本所在、身价所在呀。

就是我们这些很普通的人也需要这种“资本”和“身价”的，没有就不安全。我的心里很清楚，如果我在我妻子的感觉里，有一天真的混到在外面没有一个人想我的地步了，那她就会慢慢变得不拿正眼瞧我，不把我当回事的。外面到底有没有人想我，大约有多少人想我，她是完全可以凭她自己的感觉去感觉到的（都说女人的感觉特别灵啦）。外面想我的人多，她就会觉得她没有看错我。不然，她也许会把肠子都悔青的。外面有人想我她一点也不怕，但她却怕我会因为外面有人想而变“坏”。

而我怎么会变坏呢？我可没有那么傻。我比谁心里都明白，人家的那种想，包括我对别人的想，往往只是一种玄妙的、奇妙的、美妙的心理活动，而且往往只是那么一瞬间的自我向往、自我满足、自我陶醉的心理安慰。

人，真的就是这么怪，往往就是需要这么想它一下子。也仅仅是想想而已，当不得真的。很多情况下，它仅仅就起那么一种制造“无形资本”和“哄抬身价”的作用。

但是一个人，偏偏是需要这种看不见也摸不着的资本与身价的。一个人有与没有这种资本与身价，他的境遇很可能会是有天壤之别。所以我总是好好地写作，好好地锻炼身体。我不能老是对别人想入非非，我真正需要的是让别人对我想入非非。当然，我会悄悄地跟自己说：一切都到想为止。

珍视“动心”的幸福

我的一个朋友，总想找一个年轻漂亮且有激情的人做伴侣，关键是要有激情。很多的人都不能使他动心，好不容易遇到一个可以使他动心的美人，又由于种种原因不能走到一块儿。别人为他遗憾，说他白动了一回心。但他笑着说：“不，动心本身就是一种快乐，一种幸福，尽管此事没有成，但我已感到很满足。为了这种动心，我觉得我付出再多的努力都是值得的。”

我也这么看。人生一世真正能作为配偶生活在一块的人，也许就那么一个，但在寻求那“另一半”的过程中，却会遇到远远不止一个两个能够让自己动心的人。哦，动心！也许就只有一朵花悄悄盛开的那么一会儿，也许就只有一只鸟凌空飞过的一刹那，但只要是真正让自己动了心的，那一刻就会像一张多少有些神秘的底片似的，在心底里珍藏起来，有可能在时光逝去了许久许久之后，渐渐“复制”出一张张无比清晰、无比美丽、无比温馨的图画布满心空，给自己带来无穷的回味、无尽的遐想，甚至会带来情感的超越，生命的升华，思想的顿悟。当然，就是已经和一个让自己真正动心的人生活在一块儿了，这种动心，这种来自其他人身上的动心也是有可能出现的，甚至是频频出现。它的出现仍然会给人带来一种由衷的喜悦，成为珍贵的记忆、宝贵的财富。

其实，就是来自平常人平常朋友之间的动心，同样是美好而珍贵的。前不久本人收到一位远在千里之外的中学生朋友的来信，那些“等我长大了，能挣到足够多的钱了，只要你老得还能走得动，我就会带你去周游世界”的话语，真是让我好好动了一回心。虽然这事儿是无法实现的，我已是四十五六岁的人了，等到一个中学生可以有那种经济能力带着我周游世界了，我就是有幸还活在这世上，我也真的会老得不能到青山绿水名胜古迹里去旅游了。但人家一个从未谋过面的小孩子，仅仅是读过我的一些文章，跟我通过几封信，就能对我产生如此一种情感，怀揣如此一种愿望，这对我来说，真是一种再美好不过的人生体验！这种事，哪怕仅仅只能让我动一动心，它也会成为我生命中的灿烂，记忆中的瑰宝！令人深感欣慰的是，我的心里已经积攒了许许多多这样的灿烂与瑰宝。

可以说，正是有这样的灿烂和瑰宝滋养着，我的心才一直活得好好的，我心灵上的眼睛才一直注视着前方，对生命的未来充满了好奇和渴盼。也就是说，这世界上所有的“动心”都是养心的，哪怕它只是电影中的一个细节，舞台上的一个造型，书页里的一个妙语，大街上的一个微笑，只要它真正使你动心了，它就能使你的心灵生出根须，长出翅膀，露出笑脸，充满诗意，让你的心永远年轻，甚至永远像个孩子。

所以，我总是跟人说：评价一个人的一生是否活得有价值，是否过得有意义，不是光看他赚了多少的钱，当了多大的官，住上了多么豪华的房子，开上了多么高级的小车，还是要看他这一生经历了多少值得回味的事情，内心深处装了多少让他深感欣慰的记忆之瑰宝，也就是说，要看他享受到了多少动心的幸福。

是的，为了追求一种能够让自己动心的生活，一个人付出再多的努力都是值得的。同时我也想说，为了成为一个能够使他人动心的人，一个人也应该付出所有的努力。付出所有的努力，做一个能够让人频频动心、反复动心的人。关于动心，我也就想得出这样的结论：一个优秀的人，肯定是一个能够让这个世界上的许多人一再动心的人；一个幸福的人，也肯定是一个心灵里积攒了足够多的“动心”的美丽图画的人。

现代人的“注意力”

为了不影响男生上课时的注意力，意大利一所学校的校长曾签发了一则通知：禁止女学生穿“露脐装”上课。通知说，女学生穿腰口“太靠下”的裤子、沿口“太靠上”的上衣，裸露的部位太多，很容易分散男学生听课的注意力。

我想，如果这位校长当的是交通部门的领导，他也许会禁止女同胞穿太过暴露的服装上街，因为那也会分散驾车男士的注意力。他如果当了总统呢？他会不会颁布一系列的政策与法令，以保证各行各业人们的注意力都不会被分散呢？当然，那样的政策法令是很难被通过的，就是通过了也会招致强烈的反对与抗议的，连他在学校里签发禁止穿露脐装的通知，学校的女生们都一致表示反对，并要求他下台，说他思想太保守，居然敢限制她们的自由。

是的，自由是现代人神圣不可侵犯的权利。也就是说，她怎么穿那是她的自由，你的眼睛往哪里看，你的注意力乐不乐意被分散，那是你的自由。在这个世界上，咱们各人享受各人的自由就行了。所以，作为一个现代人，一方面有无穷无尽的人可以充分“自由”地分散、争夺你的注意力，一方面你的注意力并没有随着时代的进步而长出三头六臂来，可以自由自在地应付那些诱惑，不至于让自己落到一不小心就考试不及格，或者是把车开到电线杆子上去的地步。

我常常想，要是高速发展的现代科技能使人变得一心二用、一心三用或一心多用就好了，那样我也就不会跟我那喜欢一边做作业一边戴着耳机听音乐的女儿过不去了。“你就不怕你的注意力会分散吗？”我常常这样说她。事实上我自己也常常是一边写文章一边听音乐的。现在的电脑是多媒体，可以分散你注意力的功能真是太多。光是一个互联网，就足可以把你的注意力撕成无数个碎片，让你在飞逝的时光面前一事无成。

“你的文章要是写得跟古人一样好就好了。”妻子常常说我。我说要是古人生在今天这个时代，他们也写不出好文章来的。在没有多少东西可以分散自己的注意力这一点上，古人真是太幸运了。可是有谁愿意回到古时候呢？如果搞公投，我想绝大多数人是不会同意复古——回到古时候的。

不愿回到古时候的一个很重要的原因就是舍不得离开那些老是爱分散人们的注意力的东西。当然，我也不愿离开，宁愿写不出千古流传的文章也不离开。

毕竟，在那些老是爱分散你的注意力的东西里面，有着太多可供你享受的、可以不断给你带来快乐的东西，有着太多让你感觉美好、值得你珍惜，更值得你好好活着的东西，它们让你觉得这个世界真的是千姿百态、异彩纷呈、日新月异、魅力无穷啊！从这个意义上说，现代人也真是太幸运了。

所以，在我看来，现代人的注意力容易被分散绝对是好事情。它是使这个世界变得日益精彩与可爱的重要标志之一。当然，它也给现代人提出了一个要求：要学会管理自己的注意力。即要学会在特定的情形下，将自己的注意力投放到最该投放的地方。

注意力投放错了，造成的后果是要由自己来承担的，是不能跟那个分散你注意力的人或事来扯皮的。最近某地法院就判了一个司机告美女的案子，因看美女出了车祸的两个出租车司机竟然将那个美女告上了法庭，要求美女赔偿损失。法官认为美丽不是错，他们出车祸是因为他们没按交通规章办事，因此对他们的起诉不予支持。也就是说，人家分散你的注意力没有错，错在你没把自己的注意力管理好。

妻子的网聊很香艳

某地一个男子，一直很信任自己的妻子。之所以信任，既是因为“两个人的感情一直没有出现过什么问题”，也是因为妻子是一个“优雅斯文，有些傲气的女人”。但是，有天晚上他提前回家，却发现正在上网聊天的妻子神色颇有些反常，只见她迅速关闭了网页，接着迅速关闭了电脑，说在电脑前待久了，有些累，想早点休息。以前她可不是这样的。

这个男子自然起疑。趁妻子不在家的时候，他先是查看了妻子平时浏览的网页，发现“平日贤淑的妻子竟然喜欢浏览情色网站”。“发现这个秘密后，我的心更悬了，思来想去，我又点开QQ聊天工具，使用过的QQ号除了妻子的，我的，来我家玩过的亲友的，还有一个陌生的号码。我将这个号码记下来，通过查找发现，这个QQ号的网名非常香艳。”这个非常香艳的QQ号是不是妻子的呢？有一天晚上，他特意到了网吧里，给自己起了一个特别令已婚女人着迷的网名，要求那个“非常香艳的QQ号”将自己加为好友，然后又要求和她视频聊天，接着他就发现，那个“非常香艳的QQ号”，就是他的妻子！

待他找到一个机会，打开家里的那台电脑，破解了那个QQ密码，调出她的聊天记录，那一刻，他说他几乎要失控了。“看着那一条条聊天记录，我的心像被一根根钢针刺入，我做梦也不会想到，她竟然会如此放荡，她说的那些话我都羞于说出口！”于是他以“难堪：妻子的网聊香艳至极”为题，在网上发了一个帖子，倾吐内心的痛苦。

这样的难堪，这样的痛苦，古代人是没法想象的。古代人没法将自己的内心世界，活灵活现、丝丝缕缕地搬到一个自以为很隐蔽的“虚拟世界”里去。古代人更是没法通过破译密码的方式，将配偶的内心世界，从浩如云海的虚拟世界里，活蹦乱跳、惊心动魄地调将出来。我不知道古代人知道了现代人的这种本事，是会羡慕，还是会庆幸呢？庆幸他们比现代人活得单纯而知足，恬静而安详。

或许可以说，正因为有了网络，才使得那些表面上看起来优雅斯文的淑女们，有了那种香艳至极的网名和香艳至极的网聊。其实可以说，从古至今，绝大多数人的内心世界都是极其香艳的，只不过现代人，因为有了网络，才使得自己的那个极其香艳的内心世界有了一个表达的出口。

让现在的人退回到古代去，过古代人的那种无法表达和宣泄内心世界的古板生活，恐怕是不现实的。现在的人应该努力做到的，就是尽可能地去尊重他人的隐私权——特别是配偶的隐私权，不要把自己的聪明与智慧，用在如何去破解别人的密码、揭露别人的真相上。

呵呵，我就从来不想破译我妻子的ＱＱ密码。我只以她在我面前呈现出来的形象为准，从我的内心世界来评价她，欣赏她。我认为，男人把自己的聪明智慧都放在做正事做大事上，才是他的聪明智慧的最好出路。

“小娘变”之思

在宁波的一辆旅游车上，导游小姐突然来了兴致，说要教我们说几句宁波话。没想到她教的第一句宁波话竟然是“小娘变”，说宁波人都把小姑娘叫做“小娘变”。我们问为什么这样喊呢？她说：“因为小女孩都是‘女大十八变，越变越好看’的呀。”接着又说：“有的不仅越变越好看，而且还变成了可爱的大学生、变成了漂亮的时装模特、变成了著名女歌星、有的还变成了有钱的女老板……”

这时候就有人跟她开了一个玩笑：“有的还变成了美丽漂亮的女导游呢。”说得大家都笑了起来。我仔细琢磨了一会儿，觉得宁波话里面的这个“小娘变”，还真是挺有表现力的。

这时候，有一位游客在下面小声嘀咕：“是呀，女大十八变，女大十八变，但是有的人却变成了什么人呢？变成了专门玷污小姐这两个字的‘小姐’，有的还没结婚就变成了‘二奶’、‘三奶’，有的甚至变成了以色谋权最后被法院判处死刑的大贪官……”不知为什么，这种嘀咕让我听起来很不舒服，这样说，简直是对“小娘变”这个词的亵渎。

在从宁波返乡的列车上，见邻座一位农村大妈抱着的一个两三岁的小女孩非常聪明可爱，我说：“这孩子天资很不错，一定要让她好好读书。”但对面的一位农村汉子却说：“哪个不想让自己的孩子多读书啊，但怕就怕条件不允许啊！”接着，他说到他们村的一个女孩：“不知多么爱读书，成绩总是在全班考第一。可她刚读到初中毕业，她的父母就死活不让她读了，非要让她出去打工挣钱不可，因为她的父母一连生了三个女孩，第四个才是男孩，结果弄得家里非常困难。为了保证那个男孩有书读，她的父母只让那个女孩读到初中毕业就不让读了。那个女孩哭了好久，才同意跟人出去打工，可是一出去就没有音信了。到现在三四年过去了，仍是活不见人死不见尸。”

说得我心情好一阵沉重和压抑。我又想起那句“小娘变”来了。我想，那位爱读书的成绩总是考全班第一的女孩，如果能够一直把书读下去，她很有可能会变成一名女大学生、女研究生，但来自社会来自父母的重男轻女的偏见，却让她哭别学校，变成了一个至今不知是死是活的打工妹！

是的，对于千千万万的小女孩来说，她们都有着“越变越好看”的生理发育的过程，但摆在她们面前的命运和人生道路，却并不个个都是“越变越好看”的。她们中的许多人的命运与人生道路，非但不是“越变越好看”，反而是越变越丑陋、越变越悲惨！我想，一个国家，一个社会，也是在不断地变化着的，也应该是“越变越好看”的。当然，一个国家，一个社会“越变越好看”的一个重要标志，是必须让尽可能多的女孩子的命运与前途“越变越好看”。

口袋也是档案袋

巴西的一个足球裁判发现某个球员严重犯规，便决定掏出红牌把他罚下场。可是他的手，却从口袋里掏出一条女人的裤头来。好在虽然形状不对，但那裤头的颜色却是红的，而且他的手势更是明确无误。那个被罚的队员一时竟然看呆了，难道他要罚我穿上女人的红内裤？可是，没听说有这个规定呀。

待了半天，那个球员还是下去了。这时候全场观众都爆笑起来。哈哈，他是被一条女人的红内裤罚下的！哈哈，这个裁判竟然从口袋里掏出了一条红内裤！

这样的花边新闻，真是太有意思了。是啊，这样的事情一定会被登上报纸的，一定会在电视上反复播放的。等这个裁判反应过来，他已经没有办法挽救了，是没有办法挽救他的婚姻。果然，此事传到他妻子的耳朵里，不论他怎么解释，妻子都要跟他离婚，他最终被妻子“罚”出了家门。

那条红裤头一定不是他妻子的，或者说一定跟他的妻子没有关系。跟他的妻子没有关系，就一定与别的女人有关系，他就一定与别的女人有染。

虽然这种事儿极其罕见，但在这个世界上，不论是夫妻关系还是朋友关系，很多人的关系，都坏在某一方口袋内容的曝光上。人们身上的口袋既是小金库，也是小仓库，更是某个人“对外关系”的档案袋。而“档案袋”是不能乱动的，是应该当做保密禁区保持适当距离的。

或许正是意识到这一点，我的妻子从来都不动我的口袋。每次洗衣服之前，她都让我自己把口袋掏干净。有时我不在场，她就直接把我的衣服丢进洗衣机，于是我放在口袋里的一些纸币，常常被她洗得干干净净。嗯，我也从来不动她的口袋。君子动口不动手，也应该表现在不随意动对方的口袋上。

我不动她的口袋，我就只知道她让我知道的“外交关系”，而她放在口袋里需要保密的“外交关系”，我就不知道了。不知道也可以认定它们不存在。既然我认定她口袋里的外交关系不存在，那么那种被我认定的不存在的外交关系，也就不会跑出来破坏我们的夫妻关系了。当然，这话也可以反过来讲。

我认识的一个人，就喜欢暗中动他妻子的口袋。有一天，他从妻子的口袋里发现了一个男人写给他妻子的信。尽管那还是一封决定终止他们之间“那种”关系的信，他还是最终跟妻子闹到离婚的地步。“我如果那天不动她的口袋，她在我的心里，就还是一点事都没有的。”他跟我说。

他的意思是他动的好，我倒觉得他如果不动会更好。特别是在今天，人与人之间的交流形式是如此多样，交流的内容也是空前的丰富，我们要保持对某个人的美好印象，要珍惜某种美好的关系，就更不能去动某个人的口袋了。人的形象的美好，人的关系的美好，在很多情况下就是要靠口袋来保密的。

同时，我们在动自己口袋的时候，也要非常非常小心哦，千万千万不能犯那位巴西足球裁判的错误。

女儿发现了我的“隐私”

“妈妈，告诉你一个秘密，我发现爸爸喜欢收藏美女图片。”刚刚读初中的女儿吃饭的时候跟她妈妈说，表情颇有点神神怪怪的样子。

我立刻就笑了。我也只能笑，因为她说的是事实，在事实面前是不能狡辩的。

还好，妻子只是笑着审视了我一眼，说了声：“好啊，你爸爸还有这份雅趣呀。”就没说什么了。我也知道她不会深究的。妻子为人一向大度、爽朗，书页里夹上一些从报刊上剪下来的美女图片，这点事根本不能进入她的

“议事日程”。

就是女儿在更大范围内“曝光”，我也会感到很坦然的。我觉得一个男人有这份“雅趣”，实在是很正常的事，甚至可以说是情不自禁的事。那次见到美国一位女演员穿着暴露“侧面”的服装图片——图片上的她微微扭曲着她丰盈且婀娜的身子，让她的一条光光的臂膀、一片丰腴的脊背、一侧圆润的臀部，还有两个富有弹性的饱满的小腿肚儿，从中间只用几根布条儿系在一起的特制的时装里露出来，我立刻就找来剪刀，想都没想地把它从报纸上剪下来。这种欲露还藏的美女图片，实在太性感、太养眼了，自然也叫人爱不释手了。

前不久，我还收藏了王楠站在奥运会领奖台上喜极而泣的图片。图片上的王楠胸戴奖牌，不，奖牌被她左手持着的鲜花遮住了，而她的握着球拍、一路杀出重围险夺冠军的右手，此时则忍不住抬起来，轻轻擦着从眼里奔流而出的泪水。而她那一向娇美英气的脸庞上的表情，此时却庄严深沉得如同刚刚经历过一场风暴的雪山。真的，这张图片一映入我的眼帘，就让我的眼睛久久地凝视着她，心弦不由得暗自在那里长久地战栗。欣赏这样的美女图片，不仅养眼，而且也养心呵！

作为一个作者，我自然也收藏了几幅美女作家的图片，如海伦、严歌苓、张曼娟等。谁说漂亮美丽的女人写不出好文章呢？

既然女儿在她妈妈面前将我的这个秘密捅了出来，我也就将这些“收藏品”拿出来让妻子分享。我想，妻子如果有收藏美男图片的“雅趣”，我也同样会表示理解。只是我从来不爱动她的东西，更不私拆她的信件。自然，她也同样具备这种彼此尊重、保持家庭和睦的美德。

妻子不仅没有怪罪我有这种爱好，反而还要求女儿今后不要“乱翻”我的东西，说家人与家人之间也要互相尊重彼此的隐私，还说这是一个人必须养成的美德，养成这种美德关系着自己一生的幸福和美满。

只有“相知”最可靠

南非大主教图图有一张不饶人的嘴巴，且谁都敢说。不论是美国总统还是英国首相，不论是本国的名人还是政要，他嘴一张，就会把他们给狂批一通。“图图最能惹麻烦的就是他的话太多！”许多年前，他的一位朋友曾这样说他。他也觉得，正是他的“话太多”，他才害得妻子跟自己一起吃了许多苦头。他回家问妻子：“你是不是也想让我闭嘴不说话？”妻子竟然说：“我宁可看到你高高兴兴地被关进罗宾岛，也不愿意你为享受自由而痛苦地闭上嘴巴。”

图图说他听了这话，真是高兴极了。他觉得一个男人最幸运的事，莫过于能娶到一位能如此理解自己的妻子。是呀，别人不喜欢自己的嘴巴“乱说一气”算得了什么呢？只要自己的妻子喜欢，自己就有一个家可回，自己的那个家就可以让自己享受到热汤热饭和安宁幸福，就是有一天自己去坐牢了，也有这样一个家可以给自己提供心理上的安慰、感情上的温暖、精神上的支撑。

我曾遇到一位名叫张玉麟的老人，也是这样的一个幸运男人。二十世纪五十年代，刚与妻子结婚不久，反“右”就开始了，他也因为太爱说直话，被打成了右派。从此以后，他被关押到一个荒无人烟的地方，跟其他一些右派在高山上开荒种田。他一走，组织上就动员他妻子跟他离婚。当时，不少右派的妻子都跟自己的丈夫都离了，可她一直跟组织上抗争不离，组织上就把她也打成右派。“你为什么不跟他离婚呢？连组织上都说他是右派，是坏人，你难道不相信组织吗？”有人这样问她。她说：“任何人说他是右派是坏人，我都不会相信。我跟他是同学，从读书起就开始谈恋爱，他是一个什么样的人，我最清楚。”

她在家里照料着丈夫的老人。几乎二十年的时间两个人不在一起，但她就是那样爱着他，等着他。“没有她这样等我，一再遭到非人折磨的我，恐怕早就死掉了。人在那种情境下，如果没有什么活头盼头了，是很容易死掉的。”他曾这样跟我说。等他平反了，她见他身体被折磨得不成样子，血压高，心脏也不好，还一生气就吐血，她就开始学医，学了中医疗法，推拿按摩疗法。结果，她把他身上的病都给治好了。七十多岁的他，看起来还是红光满面的。

现在的男人那么喜欢找美女，甚至热衷于娶富婆，以为拥有一个美女或富婆就是莫大的幸运了。依我看，这种想法真的很肤浅。男人找女人，我认为还是应以相知相爱为第一准则。而“相知”还要重于“相爱”，如果是相知如骨那就再好不过了。只有建立在相知基础上的相爱，那才是枪打不透、刀劈不破、经得一切天灾人祸的爱。

手铐铐不住“忠诚”

一位从日本回来的男子，“引进”了一种新的表达“忠诚”的方式：将自己和所爱的人用手铐铐在一起去旅行。他说他这样做，是表示自己没有变心，但我怀疑他真实的目的是想约束女友不变心，是想通过这种方式培养女友对自己的忠诚意识。

近日又从报纸上获悉，一些用手铐将两个人铐在一起的男女，开始出现在南方城市的街头。或许，在爱情特别容易“变心”的今天，如何才能获得天长地久的互相忠诚的爱情，已经开始让人煞费苦心了。

怎么得到对方的忠诚，这可是一件让古今中外的男人和女人都伤透脑筋的事，因此，围绕忠诚做的“文章”，也总是层出不穷，且花样翻新。前不久，武汉的一对男女高中毕业生跑到一家照相馆里，要求人家给他们照一张“婚纱照”。看他们那样子，一脸的稚嫩，又一脸的认真，照相馆的人眨了好半天眼睛，也没想明白他们的真实目的到底是什么。

追问之下，他们才吞吞吐吐地说出了自己照婚纱照的目的。原来，他们是一对恋人，为了怕对方今后变心，他们就想到用“提前”照婚纱照的方式来对彼此进行约束。嗯，这对活宝也真是太天真了。想想看，现在连具有法律效力的结婚证，其保证双方不变心的作用都越来越小，更何况随便花几个钱就可在街头巷尾“咔嗒”一下的婚纱照？

至于手铐，呵呵，这种想法倒是挺幽默的，而且还是一种黑色幽默。手铐的作用就是用来防止人逃跑的，限制人身自由的，戴上了手铐的“忠诚”还是忠诚吗？还有值得人珍视的价值吗？用手铐把双方铐在一起在街上走一走，或者来个三五天七八天的旅行，做起来也许并不特别困难。但如何将两个相爱的人永远铐在一起呢？谁能保证因此而拥有毕生的恩爱与幸福呢？不知道谁愿意这样试一试，反正我不想。我宁愿她对我不忠诚，也不愿跟她铐在一起生活，哪怕她是世界第一美女。

我曾经也因为害怕失去对方的忠诚而动了很多脑筋，其结果是除了自寻了许多痛苦和烦恼外，别的什么东西都没得到。在一个人的想象里，自己有可能失去别人忠诚的空间实在太大了，机会实在太多了，别说我一个手无寸铁的小人物，就是许多大权在握、智勇双全的阴谋家，也在企图占有别人的忠诚上防不胜防，吃尽苦头。而企图占有别人的忠诚，正是无数人的一个最

“重要”的痛苦根源。

忠诚只能来自于一个人的自觉自愿。一个人要想得到另一个人的忠诚，除了让自己真正成为一个可敬可爱且值得别人忠诚的人之外，别无他法。当然，一个真正可爱可敬的人也会遇到失去对方忠诚的情况，但若因此就做出限制他人自由、强迫他人改变意愿的事来，这又反过来证明了他的可爱可敬是没有根基的，是不可靠和不足珍惜的。我的意思是，一个人忠诚于某某人、某某团体，完全是他个人的事，应该完全出自他个人的意愿，任何人用强制的手段去谋取别人的忠诚，都只能说明他自己的野蛮和荒唐，都是大错特错的。

妻子和男同事出差

以前的一个熟人，每年总要跟他妻子吵几次架，因为他的妻子每年总要出几次差——跟男同事一起出差。我曾经去劝说过。“他妈的，这种事，每次都会弄得我的心里好像吃进去一个苍蝇！”他说。怎么会有这种感受，他没细说。

但是，另一个人细说了，是在网上细说的：“老婆是一周前和她的科长一起到省城参加业务培训的。几天来，我心里像钻进了一只耗子，说不清楚是什么滋味。这次参加培训的只有她的科长和她。她的科长是个什么人啊！四十岁的年纪，比我妻子大八岁。妻子经常在我面前喋喋不休地说他的好处，什么成熟稳重啊、什么处理问题的分寸把握多好啊、什么处处照顾着她啊……我总是很克制地听她讲科长的故事，心里总觉得在妻子眼里自己就是个丑小鸭、窝囊废！”“对男人来说，在妻子面前也要极力维持自己的体面，掩饰自己内心的真实想法，哪怕自己备受折磨！具体到这件事上，我只有两种态度可以选择：一、同意他们去，那么我必须面对某种风险，即使不产生某种事实，我内心也要经受各种揣测推断的煎熬，好处是我在妻子面前保全了我男子汉坦荡大度的体面；二、不同意他们一起去，那么我必然完全暴露内心的猥琐，这种暴露不仅使我颜面尽失，而且可能进一步促进他们之间的暧昧，导致事与愿违、变本加厉的严重恶果。”“妻子走后，我如同困兽，内心的煎熬可想而知。”

是啊，能跟妻子一起出差的男人，一般都是单位里比较出众或者比较出色的男人。这样的男人，在平时的工作中，是最容易在女同事面前表现出他的才华与能力的。男女搭配，岂止是干活不累？男女搭配，那是最容易调动人的工作热情、激发人的创造精神的。所以现在的人，早把古人的“男女授受不亲”，丢到九霄云外去了。

男女搭配着干活，最容易给女性造成一种错觉：她的丈夫不如她的同事。

其实，她的丈夫也是有才华、有能力的，只是她每天看见的，都是她身边的男同事如何如何有才华，如何如何有能力。俗话说，耳听为虚，眼见为实。想想看，按照这个逻辑，她的丈夫如果下班回来就跟她说他如何如何了不起，她要么是将信将疑，要么会说他吹牛。相反地，她会在他面前说她的男同事如何如何了不得。你不听？你反感？那你就是嫉妒人家嘛，你就是承认你不如人家嘛，你就是不思进取、不向人家看齐嘛。

想想看，自己的妻子在家里老是赞美她的男同事，现在她又跟着那个男同事一起去出差，这样的事，搁在谁身上也不会轻松、快乐起来。

有什么办法呢？只能一切都往好的方向去想吧。同时也注意采取种种措施，不断地武装自己、强大自己吧。

爱是活下去的最重要的生存条件

一位84岁的老人，在儿女们一再反对他再婚的情况下，竟然吊死在门前的一棵树上。看到这个消息时，我真是想去好好指责一番那个老人的儿女们。他们以为老人由他们照料着，不愁吃不愁穿，风吹不着雨淋不着，老人就会活得很“享福”。他们哪里知道，现代人的生存条件早已改变了，变得没有爱就活不下去了。也就是说，对于现代人来说，爱是保证一个人活得好、活得下去的最重要的生存条件。

或许有人会说，都八十多岁的人了，他娶个老伴又能怎么样呢？对于这个问题，那个老人说得很清楚：“我就想有个人陪我说说话。”说话就是老年人相爱的一种方式，也是一种生存方式。但是年轻人，却更多地把爱理解为肌肤相亲。现在的年轻人没有能够肌肤相亲的爱，也是很难生存得下去的。现在的女同胞，因为不能得到肌肤相亲的爱而提出离婚，而把丈夫告上法庭的事，古代的人是无论如何也不敢想象的。

古代人当然也需要爱，但是古代人对爱的要求，远不如现代人苛刻。现代人既看重爱的形式，也看重爱的内容，同时也看重爱的质量。说得具体点，就是现代人不仅要求爱的对象能与自己有肌肤之亲，而且还要求那肌肤总是保持在一种细腻而强健、有形而挺拔、美丽而性感的状态，不仅要求外在的面貌可亲可爱，而且要求内在的气质可尊可敬。这也是现在的婚外恋和离婚的统计数字越来越可观的原因。越来越多的人一旦发现自己爱的对象不合自己的要求了，就冒着生命危险红杏出墙、移情别恋。真的是冒着生命危险哦。想想看，有多少现代人为红杏出墙、移情别恋付出了生命的代价。

明明知道有人为此付出了生命的代价，可偏偏有那么多人仍然要步其后尘，这是不是现代人的生存条件变得比以前更险峻了？不仅只能生存在有爱的生活里，而且还只能生存在必须合乎自己心意的爱的生活里。一旦自己的生活里没有了合乎自己心意的爱了，就要冒着生命危险去寻找。你看，现在的房子越来越漂亮、车子越来越高级、吃的穿的用的更是好的没法说，但却有那么多的人活得很痛苦、很艰难，很不想再活下去，其原因就在于此。

当然，大家还是希望好好活下去的，并且还是努力地创造条件去活。所以，现在的运动场和健身房越来越多了，美容护肤塑身的设备与手段也是越来越先进了，各种文化艺术活动、场所及产品对人们更有磁石般的吸引力了。人们都在极力为对方创造最合心意的爱，同时也极力为自己创造爱的权力。所以，现在走在大街上，一个个红男绿女，真是一个比一个精致，一个比一个够味，一个比一个迷人。

这也是一种文明，一种进步。

真正有味道的其实是说话

老袁的妻子去世还不到半年，就有女人上门，并在他家里过夜了。他刚退休，一个月可拿两千多元的退休金，一个人住着三室一厅的房子；他想找个人一起过，一点也不困难。“半年都不到啊！我觉得他这样做，真是对不起死去的王阿姨！王阿姨活着时成天为他做这做那的，对他那么好啊。”有人跟我这样说。我笑笑说：“正因为王阿姨什么都为他做，他才什么都不会做，他才急于找个人啊。”

半个月不到，老袁就换了一个。又过了没到一个月，老袁又换了一个。“我看他简直就成了流氓！没见谁像他这样的，换女人比换衣服还勤快！我看他，就是想利用这个机会玩弄女人！”有人实在看不过眼，恨恨地对我说。我不好为老袁辩护了，不然人家也会怀疑我是“那种人”。但我觉得事情并不一定如他们想象的那样。

没过多久，老袁已换了四个。“整个院子里的人都在议论他，几乎没有人理他了，大家都没想到，他怎么会是这样一个人！”又有人跟我说。我也笑着说：“这个老袁啦，他可真的是敢做敢为啊，他就一点也不怕看大家的脸色啊。”这期间，我碰到过老袁几回，他的脸上没有任何表情，对面有人走过来了，他总是装着没看见，眼光直直地走自己的路。我原来碰着他了，他会跟我点个头，笑着打个招呼的。

“这第四个，要不了多少天，也会被他打发走的。”院子里的人都在背后这么说。可是一个月过去了，两个月过去了，半年过去了，这个后来被人称为“黄阿姨”的，居然一直没有被老袁“打发走”。“这个姓黄的，她还真有点狠气呢。”有人说，又说：“怪啊，她可并不比前面几个长得漂亮啊。”我笑着说：“虽然她长得并不比前面几个漂亮，可是老袁偏偏就是喜欢上她了啊，你没注意到？他们两个总是在屋里有说有笑的。”

一年过去了，两年过去了，三年过去了，五年过去了，黄阿姨已经成了院子里的老熟人，见了谁，她都是笑模笑样的，说长道短的，显得既和蔼，又热络。大家对老袁当初频繁换人的事慢慢淡忘了，反而说他挑人的眼光很不错。自然，老袁碰见了人也不再是眼睛直直的了，“出去呀”，“回来了呀”，他也乐于跟大家打招呼了。有时候，他还乐意和我一起去散步锻炼身体。

有一次，说到他的前妻王阿姨，我就说：“她可真是个好人啊！”没想到他叹口气说：“她别的都好，就是在一起说不上几句话。”接着又说：“两口子过日子，真正有味道的其实是说话，是总有说不完的话。”见我深深地点头，他又说：“所以你王阿姨去世后，我就想，如果我再找人的话，就一定找个在一起总有话说的人。”

怪异的婚外情经济

“看来现在的年轻人思想真是开放得很，今天我们在办公室里看报纸，说到现在的婚外情已经成了很普遍的现象——报纸上的热线报道和情感倾诉版上，登的几乎都是这方面的文章，我们办公室的那位二十来岁的女同事，居然说婚外情也有好的一面，至少可以促进经济的发展，见我们哄地一下都笑了，她又平平静静慢条斯理地说：‘譬如说情人节的时候，有些靓姐儿一个人就能收到几十个男同胞送给她的红玫瑰，这不就促进花卉业的发展，从一个方面搞活了经济？’说得我们笑得更凶了，但我们不得不点头，同意她说得有道理。”一位到我这里来聊天的朋友说。

我们也就顺着这个话题聊了起来。“是呀，说来也怪，那些对‘婚内情’一毛不拔的男人，一旦有了婚外情，就会变得分外大方和慷慨，大款挥金如土自不必说，“小款”也是拼命投资努力显出自己的大手笔，在邀情人下馆子、住宾馆、逛商店的时候，都是不问价不还价的，只要能讨得情人的欢心，有利于婚外情的建设和发展，就是把腰包掏得翻过来都行。所以，精明的老板和营业员一见来者的那种酸劲嗲劲，不像是婚内情的，心里也就禁不住一阵暗喜，嘻嘻，又可开出‘情人价’了。不能不承认，‘婚外情经济’的发展，确实刺激了某些行业的发展，使不少人赚了大钱。”朋友接着说道。

我说：是呀，我的一位进城经商的朋友对此也是深有体会。他对门有几家歌厅舞厅，给他的烟酒副食店带来了不少生意。“这些人花起钱来大方得很呢；赚他们的钱，比赚一般人的钱容易得多呢。”他不止一次地对我说。他原来对搞婚外情的人是非常看不惯的，可是现在，或许这种“婚外情经济”让他赚了不少钱，他也不像原来那么反感了。

“也许正因为‘婚外情经济’能使许多人大赚其钱，大获其利，许多人对婚外情现象也就变得宽容了，对搞婚外情的人也就变得睁只眼闭只眼了。我发现，经济的因素是最容易让人们改变自己的态度和观点的。”朋友说。

最近又从一份报纸上，读到一条有关日本人搞婚外恋因此让不少人大发其财的消息，说在日本婚外恋竟然“培育”出一个奇特的市场：一些公司专门为婚外恋人士圆谎，雇员假装成客户的同事或朋友，向其配偶提供出差证明；杂志社经常向婚外情侣特别推荐周末旅店或酒吧；旅游业也不甘落后，日本旅游局率先推出一种名为“隐匿旅馆”的旅行方案，据说还颇受欢迎。

只是，许多人在享受了婚外情的快乐之后，又陷入了婚姻破裂的痛苦，许多人在赚过“婚外情经济”的钱之后，又开始抱怨社会风气江河日下。而“婚外情经济”的发展又为婚外情的滋生提供了更大的温床。这是不是应该引起更多人的注意和警惕呢？

彼此珍惜的意义

到某地去看望一位忘年交，见他与再婚的妻子生活得那么和谐和快乐，我不由得暗自称奇。据我所知，老年再婚的人，最容易为一点点小事闹出种种别扭和矛盾——能够在一起生活得和谐恩爱的很少。

没想到，当我赞美他们的相遇相爱仿佛是珠联璧合时，忘年交的妻子却笑着说："哪里呀，刚开始的时候，他身上的很多坏毛病，还不是搞得我很心烦、很恼火啊，好在他这人有一个最大的优点，就是你只要说他身上的某个坏毛病你受不了，他就会虚心接受，认真改正。他要是没有这个优点，恐怕我们早分开了。"

我便笑着问我的这位忘年交："你都改掉了哪些坏毛病呢？"

已经71岁但看起来只有60岁出头的忘年交说："你不知道，可能是她从小到大的生活环境不一样，她真是太讲干净了。而我呢，我小时候是在农村长大的，后来虽然进了城，但一直到老，我都是个不太讲究的人。"

他的妻子笑着说："他也太不讲究了，七天洗一次头，三天才换一次裤头。"停了停，她忍住笑说："他居然还养成了光着身子睡觉的习惯，而我是最不喜欢这个的。"

我笑着跟忘年交说："呵，你还有这个习惯，我都不知道呢。"

他也笑起来，说："是呀，这个习惯一般人是不可能知道的。"又说："她认为这都是坏毛病，都必须改。开始穿着衣服睡觉那几天晚上，我可是翻来覆去，怎么也睡不着。她让我每天换裤头，我也觉得麻烦，甚至觉得没必要。但我意识到，这些毛病不改，她的不满情绪就会日积月累，越积越多，最后就会上升到我不尊重她、我根本不把她放在眼里的高度，两个人就会由此爆发出不可调和的冲突。我想，两个人好不容易有了这种缘分，好不容易生活到一起来了，那就应该彼此珍惜。什么叫彼此珍惜？我的理解就是：为了对方感觉舒服，感觉愉快，再老的老毛病，也得坚决把它改掉。”

我立刻点头说：“彼此珍惜，就得改掉老毛病，这个想法好啊。”

他妻子也点头说：“他能这样想，确实很宝贵。其实，很多人身上的老毛病，都是环境的产物。在某些环境里，或许它们根本就算不上是什么毛病，但到了另外一个环境里，它们的存在就会让人受不了。再婚的人是最容易遇到这种问题的。我觉得，我还是挺幸运的，他很尊重我的感受。”

是的，只要你真正尊重对方，只要你觉得应该彼此珍惜，哪怕你到了70岁，你也可以改掉自己的老毛病。当然，这话也是可以跟女性说的。

活着也在于享受“隐私”

两个一生下来头部就连在一起的亲姐妹，一直头挨头地生活到29岁，活到29岁就再也不愿意这样活下去了。于是她们从伊朗来到新加坡，要做分体手术。手术要耗时四天，极其危险，医生因此极力劝阻她们放弃这种想法，说因为是头部手术，姐妹俩很可能变成植物人，甚至有一人还可能死去。但姐妹俩坚持要做。她们说：“如果一个人的生活必须和另一个人分分秒秒地绑在一起，连心里想什么，对方都一清二清，这样没有隐私的生活实在可怕。”

也就是说，她们宁愿冒着失去生命的危险也要把头部分开，也要过上一种可以拥有各自的隐私的生活。对她们来说，隐私的重要与宝贵，几乎是可以与生命画等号的。

可不是嘛，生命的美丽是因为生命里可以盛开足够多的隐私的花朵让自己欣赏；人生的美好，是因为人生中有足够多的隐私的盛筵可供自己品尝。这里说的“隐私”，哪怕仅仅只是一个在自己的心里画出绚丽彩虹的“想法”，那也是无比美妙的。

那对伊朗姐妹俩生下来就是不正常的，不正常的不仅仅只是她们的身体连在一起，更重要的是她们无法拥有各自的隐私。也就是说，天生正常的人，是有能力拥有也是有权利拥有隐私的。正常的人，生在一个可以让其拥有隐私的社会里，才是真正的“正常”，他的生命才真正有价值，才能为其创造无穷的快乐，并留下一连串美好的回忆。

天赋人权也包含着天赋隐私权。没有隐私的人权是不可想象的，也是不成立的。

其实，人类社会也是一直在朝着这个方向发展的，朝着尽可能让更多的人可以享受到更多的隐私的方向发展。走在街上，看见那么多的人边走路边打手机，我就不由得露出会心的微笑。我的朋友告诉我，现在很多家庭都不要座机了，夫妻之间一人一部手机就行了，孩子也可以有自己的手机。还有因特网上的那一个个只有通过密码才能进入的邮箱与聊天室，里面该有多少形形色色、千姿百态的隐私！现在很多人都说生活质量提高了，而生活质量的提高，也是要以人们可以享受到的隐私的多少为标准的，并且人们的隐私还要尽可能多地得到保护与尊重。当然，损害他人特别是损害公众利益的隐私外，是不应该受到保护与尊重的。

能不能说，除了损害他人和公众利益的隐私，都是美好美妙的隐私呢？

“没有隐私的生活实在可怕”，宁愿成植物人、宁愿死，也绝不再没有隐私地活下去，这对伊朗的连体姐妹用自己的生命对“隐私”做出最新的注释。遗憾的是，她们也真的为此失去了生命。消息传来，我在一种巨大的悲痛中沉浸了许久许久……

游戏要有度

南方某地的一帮男女同事，在一起玩游戏，应该是打扑克吧。他们决定不玩钱。在今天这个不玩钱就不刺激的时代，这真是太可贵了。不，是我想错了，他们不是不要刺激，他们是觉得玩钱已经不刺激了。他们决定谁输了，谁就必须做一个性爱动作。两对男女对玩，输家恰好是一男一女，性爱动作当然是由这一男一女做。网上的照片显示，他们是穿着衣服做的。

他们居然把他们做的各式各样的性爱动作给拍下来了。现代高科技条件下，人人都可以成为拍摄高手。他们其中的一人，居然把这些照片贴到网上去了。一时间，我不论上到哪个网站，都能欣赏这些很香艳的照片。网上就是把这些照片称为“艳照”的。

这些艳照贴上网后，引来了不少人的谴责。不过，大多都是谴责那个私下里把这些艳照贴到网上去的人，说这个人不该在未经他人允许的情况下公开这些照片。也就是说，在这些人看来，这件事不对的只是那个未经允许将照片贴上网的人，而不是他们用那种刺激的方式来为自己创造快乐。

“人家那样玩，是人家自愿的，既不违法也不违规，而且也不影响他人。但如果有人把这种艳照贴到网上去了呢？那么，那些人的父母家人看见了就会很难堪，甚至会因此引起不必要的矛盾造成不必要的伤害。”一个网友这么说。

现在的人真是越玩刺激了啊。记得我们小时候，下棋或者打扑克，谁输了刮谁的鼻子，这就是一件挺刺激的事情，还有钻桌子、学狗叫，也能让人乐半天。最盛行的是贴胡子，输一次贴一个小纸条在脸上，一直贴得满脸都是。还有画乌龟的，输一次画一笔，直到画成功。后来大家有钱了，时兴玩钱了。现在有人玩钱也玩腻了，于是又玩起做这种香艳动作来了。等到这种香艳动作也玩腻了，那又该玩什么呢?

玩什么都会玩腻，再刺激的玩法，时间一长就会变得索然无味。人类的那点创新能力，永远满足不了自己那永无止境的渴望新鲜刺激的欲望。在外星人眼里，人类其实是挺无聊挺可怜的。

还是节制吧！作为人类，一定要有自己的文明规范。

现代人的“暧昧”

南京市的一位王女士逛街时新买了部手机，回家路上闲着无聊，就和几个朋友发起了短信。有个朋友可能是拿她寻开心，给她发了一条言语暧昧但又非常搞笑的短信，王小姐看后觉得很有意思，于是便将这条短信转发给了好几个朋友。或许是因为新买的手机操作还不熟悉，王女士的老公竟然也收到了该条短信。在家忙着做饭的老公看完短信后勃然大怒，妻子刚回到家后，还没等妻子做出解释，气急败坏的老公就给了她一巴掌。呵，这一巴掌倒是打得一点也不“暧昧”。

报道没说王女士发的那条暧昧短信具体是什么内容，但既然是暧昧的，无非就是涉及男女之事的。而只要是涉及男女之事的，就最容易让人想入非非。对于很多人来说，手机也好、电脑也好，它们首先就是一种表达“暧昧”、享受“想入非非”的工具。事实上，也正是因为有了这种高科技产品做工具，现代人的暧昧才纷纷地破壳而出，长出翅膀，以至于王女士很容易就能收到一条暧昧的短信，并且很轻易把这条暧昧的信息发向四面八方。

但高科技的东西一旦摁错按钮，那个错就立刻以电流的速度无比忠实地传出去，真是让你追悔莫及。这样的错不仅普通公民爱犯，就是贵为一国之首相的人也爱犯。报纸上就曾登载过西欧某国的首相，竟然把一条暧昧的黄段子错误地发到了一位普通女性公民的手机上。这位女性公民一点也不感到荣幸。她将此事进行了公开，指责首相行为不当。首相不得不向她公开道歉，并“保证今后不会再发生这样的事情”。

他怎么“保证”呢？要是手机能有一种自动防止人们出现难堪和丑闻的纠错功能就好了。但是，这样的功能我相信是极其难以设置的。譬如说电脑聊天吧，大家都戴着网络的假面具在那里聊，彼此提供的信息是故意要让它们错得一塌糊涂的。错到什么地步呢？错到一对夫妻网聊，聊到了约定见面，才知道两个人原来竟然是夫妻！你说，这样的错让电脑如何纠正？

现代人享受暧昧是要以某种假面具作掩护的。而那些高科技产品的许多功能恰好就是帮助人们制造假面具的，这也正是许多人把那些高科技产品当宝贝的原因。认识到这一点，我以为很重要。既然手机和电脑之类的东西，在很多人那里都是当假面具用的，我们就不要轻易去动别人的那种东西，哪怕是夫妻之间，也要彼此尊重各自的享受暧昧的权利，绝对不要去动对方的假面具。在我们家里，我就从来不动妻子的手机，妻子也从来不动我的电脑邮箱。现代人的互相尊重，一定要表现在这方面，才更有价值。

同时，既然大家还需要戴着面具享受暧昧，那就应该把面具戴得更牢靠些、更安全些，不要让它轻易地脱落开来，让自己的真面目露出来。

高尚的人也会有心灵阴影

“那天晚上，她到底会到哪里去呢？”朋友说。朋友说的“她”是他的妻子。他说那天晚上，他们吵过架之后，她出去后一夜未归。他事后问过所有的亲戚与朋友，他们都说那天晚上，她并没有到他们那里去。那么，她到底去了哪里呢？

这件事过去了许多年之后，朋友才跟我说起它。他说这件事，他跟谁都没有提起过。这件事，他跟我说了好几次，可见它在他的心里是一块怎么都摆放不平的石头。据我所知，朋友漂亮而贤惠的妻子跟他的感情是非常好的，他们的家庭生活也非常美满，因此他这样说的时候，我是不便帮着他瞎分析的，也不能瞎分析。当然，他自己也是分析不出个所以然来的。

我明白，朋友心里真正想的是：那天晚上，她是不是跟谁做了对不起自己的事情呢？可是这事儿，除了时间空间上有可以怀疑的地方外，别的任何证据他都没有。因此，他不能把她怎么样。他也没有把她怎么样。事实上，这件事之后他们一直过得很好，这以前也过得很不错。但我知道，这件事就像一个无法从他心灵里撵走的怪物，会时不时地在他一人独处的时候、夜深人静的时候跑出来，向他抛出一个让他百思不解的问题：那天晚上，她到底会到哪里去呢？

这是一个永远寻求不到答案的问题。这个永远也寻求不到答案的问题，并不会从大的方面影响到他的生活，只是偶尔地影响到他的心情。这种心情他不说，是连鬼都不会知道的。大家看到的，只是他的快乐的笑脸，被人恭维的暗自得意的样子，以及他的幽默而风趣的谈吐。

所以，当朋友第一次跟我说到这事儿的时候，我很是愕然了一下。我完全没想到，这种事儿还会发生在他这么一个有成就、有名望、活得潇洒自在的人身上。当时我就想，看来没有谁的心里装的都是金子而没一点垃圾的，没有谁的心里都是一派阳光明媚而没有一点阴影的。

最近看到一本人物传记，我更是这么想了。一个曾经名震全国的著名画家，活到八十多岁了，他的妻子把他照料得不知有多好，他自己也说没有妻子的保护与照料，他在“文革”中恐怕早被人整死了，但他始终对他的妻子的一件事耿耿于怀。他妻子和他结婚之前，一个追求她的小伙子追到她所在的城市里要自杀，她为了去阻止他，跑到他住的宾馆里给他做了一晚上的工作。“谁知道那天晚上她跟他做了什么事呢？我又怎么能相信他们什么事也没做呢？”他这样跟他的一个知己说。看到这个细节时，我一下子就笑了起来。

我想，人活在这个世界上，有一点心理困扰，有一点怎么也挥之不去的心灵阴影，那是很正常的啊，那几乎是谁都无法避免的啊。连许多高高在上、光彩夺目的人物也无法避免。我想，如果我今后遇到这样的事，我完全没必要拿它当回事。我该怎么生活还是怎么生活，该怎么快乐还是怎么快乐。

有些照片需要偷偷地“干掉”

一群到日本旅游的中国人，在一种造型挺别致的房子前照了不少合影。他们都是一个单位上的，在一起合影很正常。但当他们经人指点，说那些别致的房子其实都是“情人旅馆”时，他们就觉得这样的照片是不能保留的了。“那些结了婚的，都偷偷地把这些照片处理了，怕让自己的配偶看到会引起误会。”

在一篇文章里看到这个细节，我不由得乐了。我也是“偷偷地”处理过照片的。

那是我到桂林旅游，看当地人演的歌舞《刘三姐》，觉得那些演员真是演得不错。歌唱得让人如痴如醉，舞跳得让人想入非非。没想到，那些演员也在想入非非呢。当然，他们想的跟我们想的不一样。

我们刚刚走出歌舞大厅，那些漂亮热情的男女演员就把我们包围了，说愿意跟大家合影，一次只收十元钱。嗯，舞台上那么神奇高贵的人，怎么会看得起这点小钱？合一次影才要十块钱，这宰人的力度真的并不是那么令人难以承受，连我这个穷书生，都可以合几张。

我们都只希望跟主要演员合影，没想到我跟“刘三姐”、“刘阿哥”合过影之后，其他几个女演员也跑到我跟前，做出一起合影的姿势。嗯，我这个人真的太心软，我真的不忍伤害这些“次要演员”，只好跟她们一一合影。

回到家，照片洗出之后，我把那些与“次要演员”的合影，全都偷偷地处理了。我怕妻子说我这么舍得花钱跟女孩子照相，真是个色鬼！

用数码相机照相，处理有可能引起误会和麻烦的照片真是太方便了，但正是数码相机的出现，照相才成了一件特别简单易行的事。

因为特别简单易行，也特别经济，人们照起相来，也就别提有多随意了。甚至它也可以拿来满足自己的某些很隐秘、很私密的想法。自然它也能给自己带来某种更具个性、更符合人性的快乐与享受。只是那些照片让人快乐了享受了，就得及时将它们“偷偷地”处理掉，以防他们给自己带来始料不及的后患。如有对夫妻，他们私下里互拍了一些人体照片来欣赏，结果有一天落到了小偷的手上，小偷以此对他们进行反复敲诈，让他们饱受经济损失和精神折磨。

在今天这个“读图时代”，许许多多的人都会将那些很隐秘很私密的快乐与享受拍成图片。应该说，这是生活丰富了、时代进步了的表现。只是，我们除了要善于给快乐和享受加密之外，还得养成一种及时将其偷偷处理掉的习惯。这是对自己负责，也是对自己所爱的人、对与自己相关的人负责。

只愿跟“激情”再婚

朋友Z的妻子已去世，有不少人劝他再婚，但他总是婉言拒绝。有的就是见过面了，别人都说条件不错，有的不仅是大家都说条件不错，而且女方也特别愿意，但他总说“让我再考虑考虑”，再没下文。整整一年过去了，他仍是守着他的那个谁也满足不了的条件过日子。

他的那个条件他也表达过，但别人总是认为他在开玩笑。他也一直是个喜欢开玩笑的人，并且特别爱笑。有些事情，别人只觉得有一点点儿好笑，他却能发出一长串一长串的响亮的笑笑声。但别人老是不把他说的那个条件当回事，他一说条件，别人就说“我跟你说正经的，你别开玩笑”，他就只能苦笑了。

大家见他这个也看不上眼，那个也动不了心，纷纷让他把条件放低一点，“你要知道，你毕竟是六十出头的人了，只要女方年龄小你几岁，身体还好，就大致可以了。”“虽然你是个文化人，发表过一些作品，但你毕竟不是大官，也不是大款，你的条件若是高了，那也不现实。”“再婚嘛，不就是找个人住到一起来，让屋子里不至于显得太冷清了嘛。”“什么气质呀修养呀共同语言呀，我看都不要讲究了，黄土都埋了大半截子的人，千万要放实际些。”……

“唉，原来都是那么熟的人，怎么弄到最后，都是这样不理解我，我说的条件，他们都不以为然，他们说的条件，一个个都恨不得强加给我才好。”朋友Z不由得苦笑着对我说。

他说的条件是什么呢？是“无论如何，她要有点生命的激情”。“我这一生，特别看重生命的激情，一个对生命有激情的人，哪怕他活到一百岁，他也不认为自己老了，已经老得只能用吃吃喝喝、缝缝补补、唠唠叨叨来打发日子了，更不会把自己一天到晚泡在电视机前和麻将桌上。”“有生命激情的人，一点有趣的事就能让他快活得像个孩子，再坎坷的经历也不会让他失去对所有美好东西的热爱与追求，再不愉快的事也不可能剥夺他脸上的明媚与心底的希望。”“如果遇到这样一个人，就是她七老八十了，我也愿意跟她结婚！”

他自己就是这样的一个人。正因为如此，已经六十三岁的他，不论走到哪里，只要一说出自己的年龄，别人就要惊呼：“不可能不可能，你看起来至少要减掉二十岁。”

他也承认，作为再婚，他要找到这样一个有激情的伴侣实在太难了。我也不由得感叹：在我们周围，那种自始至终都能保持生命激情的人实在太少了。

不过我相信，随着时代的发展，有生命激情的人以后肯定会慢慢多起来的。但愿他能够等到这样一个人出现。

别让失败的初恋伤害自己的配偶

一位五十多岁的女士，打电话给报社诉苦，说她与丈夫都是奔花甲的人了，结婚也有二十五六个年头了，不说恩恩爱爱，也算得上相敬如宾。但是最近，他们的婚姻却因为丈夫39年前的初恋女友找上门来，掀起了波澜。

“老公家过去的老房子早拆了，听说她到处打听，还到派出所去查，硬是从四十多个和我老公同名同姓的男人中，筛出和我老公年龄差不多的，再一个一个打电话，最后才找到我老公。当她第一次打电话找我老公时，我老公真的很激动，一个劲地说，想不到她还记得他。她居然要求我老公到她所在的那个城市，和她共办六十大寿。”她说着说着就哭了，说她的老公居然真的动了心，说那个“鬼女人”眼看要把她老公夺走了。

这事儿让我觉得有意思的是，那个“初恋女友”跟那个男人只见过几次面，游过一次泳，并无进一步的亲密交往，而且他们的初恋最后还以失败而告终，但她竟然有那么非凡的自信，相信她在他心目中仍然占有一席之地，两个人仍然能重燃爱的火焰。所以，她才在寻找他的过程中表现出那么大的勇气和耐心。

而那个向报社诉苦的女士，尽管她与丈夫已经生活了二十多年，可面对找上门来的丈夫的初恋女友，却表现得那么不自信。丈夫一激动，她就生怕他做出背弃自己的事情来。

由此看来，相爱时间长并不能增加多少自信，而那些不成功的初恋反而很有杀伤力。为什么会这样呢？我把这个故事跟妻子讲了，并对她提出了这个问题。她的说法是：两个人在一起待的时间越长，那些柴米油盐酱醋茶的生活琐事就越容易让人变得婆婆妈妈、平平庸庸，因此就越是容易让对方产生不舒服的感觉。她的说法有道理。

是呀，两个人在一起相爱的时间越长，他们在生活琐事中暴露出来的真相就越多，他们在恋爱时建立起来的对对方的美好印象和美好想象丧失得也越多。也就是说，婚姻之爱是浸透了生活琐事的爱，是很容易被生活琐事掩遮爱的本质的爱，也是很容易让人的脑子变糊涂的爱。而那种以失败而告终的初恋呢？它却让双方当初留下的某种美丽的想象、甜蜜的向往“冬眠”起来了。不论是在国外，还是在国内，都有那么多的人，一旦那种封存在脑子里的“初恋情怀”从“冬眠”中苏醒过来，哪怕他们就是活到好大一把年纪了，他们也会突然怀念起初恋的女友或男友来，甚至还要千方百计地去寻找初恋对象。

初恋情人放在心里怀念怀念并不是什么坏事，而真要找上门去，却是不理智的了。而对于找上门来的初恋女友或男友表现得过于激动和热情，以至于伤害了自己相濡以沫许多年的配偶，那就更是不可取的了。我如果是上述那位被初恋女友找上门来的男人，一定不会让自己的妻子心生惶恐，受到伤害。

别指望被宠的人把你放在心上

“我们一帮同事到乡下去赏荷，采莲，吃农家饭，你去不去？”妻子问我。我想了想说，“去吧”。于是坐上一辆私家车，走了一个多小时，到了一个叫野猪湖的地方。呵，那里有一片足有四五十亩大的水面，种的全是莲藕。放眼望去，我们的视野里全是碧绿的荷叶，洁白的荷花，还有一个个被高高举起的莲蓬。

这次来的有两辆私家车，大人孩子，共有十来个。赏荷，站在水塘边看看就可以，当然还可以按一下相机的快门；而要把那些诱人的莲蓬采到手里，剥开来取出莲子放在嘴里品尝就不容易了。“能不能弄条小船，让我们划着去采莲蓬？”有人提议。结果种藕的人只找来一条齐胸的深筒胶裤，胶裤连着胶鞋。于是一个四十多岁长得有些结实的先生，率先穿上它，下去采莲蓬。

他采一个，就丢上来一个。荷叶又高又密，他往前没走多远，就被荷叶遮掩得不见身影，我们只能根据荷叶的动静，判断他的方位。大家一个个都只顾着剥手里的莲蓬吃。“真甜！”“我最喜欢这种清香味！”“还是刚采的莲蓬好吃！”大家一边吃一边说。

这时，我却发现一位女士，根本顾不得剥莲蓬，她只是一个劲地冲那位采莲的先生喊话：“你左边有一个，看见了没有？”“你右边有一个，看见了没有？”“水深不深？”“底下的淤泥深不深？”“要是深就别往前走了。”“嗯，怎么不回话呀？你应个声啊？”“算了算了，你往左转吧。”……

我轻声问妻子：“这位女士，应该是他的妻子吧。”妻子点头。我就想：“这就是妻子与其他人的区别啊！这种情况下，只有妻子才会把你的安危放在心上啊！”没想到，另一位先生下去之后，他的妻子却远远地坐在树阴里，一边剥着莲蓬吃，一边跟一个同事聊着天。根本不像刚才那位做妻子的，站在塘边用不断喊话的方式，跟自己的丈夫保持着“热线联系”。倒是其他的人，不断冲他喊话。

这时，有人跟我说：“你猜为什么会这样？因为在他们那个家庭里，那个当丈夫的不知把她宠得多厉害，宠得她什么心都不用操，什么事都不用做。”

我心想：不仅养孩子不能过度宠爱（过度宠爱的孩子长大了根本不懂得心疼父母），就是夫妻相处，一方也是不能对另一方过度宠爱。

珍视配偶的好名声

江西德兴市的一位名叫陈美丽的女子，在丈夫帮人灭火不幸去世的情况下，贴出替亡夫还债的通告，结果，有不少本村村民、丈夫生前的一些朋友纷纷到她家来讨债。

她的丈夫为了让全家人过上幸福生活，几年前借钱买了一辆农用车跑运输，但是借了谁的钱，具体借了多少，丈夫没有向家里提起过，也没有任何记录。大家讨要的金额高达5万元，近4万元没有任何凭证。但陈美丽还是凑钱还了。“丈夫生前在村里口碑一直很好，如今人刚死，如果不还钱肯定要遭到别人的非议。他生前最担心的就是欠债的事情。”陈美丽接受采访时这样说。

口碑就是名声。没有让人信得过的口碑和名声，陈美丽的丈夫很难在家境不好的情况下借到那么多钱。陈美丽的丈夫和他的家人，都是好口碑和好名声的受益者。陈美丽的丈夫之所以会有那么好的口碑与名声，肯定与陈美丽通情达理、看重口碑和名声的品质分不开。正是有着这样的品质，陈美丽才能在丈夫死后贴出还债通知，并且将没有任何凭证的钱也一起还掉。

为了呵护亡夫的口碑和名声，连没有任何凭证的钱也能一分不少地还清，这样的人确实是极其少见的。陈美丽如此珍视一个普通配偶名声的情操与做法，确实很美。在没有任何凭证的情况下去还钱，这种做法或许并不值得完全推崇，但她的这种克服再多的困难也要维护配偶好名声的情操与品质，却是值得大力赞美和倡导的，也是值得所有的为人妇者或为人夫者认真借鉴和好好学习的。

在一个家庭里，如果妻子能够珍视丈夫的好名声，丈夫也能够珍视妻子的好名声，那么这样的家庭，在社会上肯定也会有一个好名声。这样的家庭，最容易得到亲朋好友以及街坊邻居的信赖，在困难的时候也最容易得到他人的鼎力支持与帮助。自然，这样的家庭也最有利于让孩子从小就养成良好的品质，使其健康成长。

这样的家庭多了，那些言而无信、巧取豪夺的人，就会大大减少，我们赖以生存、发展的环境也会变得更令人满意、愉快。

大灾大难才是大家的检验

某报有一个情感倾诉版，汶川地震发生后，很多人的倾诉都与地震有联系——是很多人的感情，都在地震之后发生了变化。最明显的一个变化是，那些心中没有大爱的人，很难经得起大灾大难的考验，也很容易失去人们对他的爱。下面的两个故事，或许会告诉你：有大爱对于做人是多么重要。

第一个故事发生在一位姓杨的女士身上。杨女士离婚后，一个人带着孩子生活。经人介绍，她认识了一名司机。司机知道杨女士的住处后，经常在她忙碌的时候帮她做饭洗衣。杨女士生病的时候，他也会忙前忙后地伺候。杨女士很感动，觉得她总算遇到个知冷知热的人。她也准备在心里接纳他。没想到，事情很快就起了变化。

那是汶川大地震发生后的某一天，杨女士和儿子边吃饭，边看抗震救灾的报道，司机忽然说："每天看个不停，小心噎死。"杨女士和儿子对望一眼，都露出很反感的表情。几天后，司机要求搬入杨女士家里住，杨女士一口就将他拒绝了。但司机心想，她已经让他在一起吃饭了，而且还同意让他照料了，他搬进来是没有问题的，于是强行搬了进来。但杨女士执意让他搬走，他居然理直气壮地说："你整天说要捐款捐款，还不如将房子捐一半给我，让我住着！"杨女士听了，气得浑身发抖，心想："怎么会有这么冷漠、自私的人！"于是毫不客气地撵他出门，并将他的东西甩了出去，宣布不再跟他来往。

第二个故事，发生在一位姓于的女士身上。一年前，有人给离异的于女士介绍了一个有车有房的男友。前不久，又有人给于女士介绍了一个没车没房的男友。于女士当然对后一个男友没兴趣。“前一个没一根白头发，后一个，恨不得一半的头发都白了；前一个穿着讲究，后一个衬衫的领子都磨毛了；前一个风度翩翩，后一个腰都有点弯了；前一个月入五千元，后一个只有一两千……”但是地震发生后，前一个表现得很自私，很冷漠，后一个却亮出了心中的大爱。这位于女士与后一位的感情很快升温，并做出嫁给他的决定。

对于前一个男友，于女士是这么说的：“我打电话问他捐了多少，他说一百。我说你怎么不多捐点，他说大家都一样，别那么突出。我说：你生活得那么好，灾民们那么痛苦，你多捐一点，他们就能好过不少。他说：别人捐多少我捐多少有什么不对？”对于后一个男友，于女士是这么说的：“那天中午，他给我打电话，兴奋得像个孩子，他说：我告诉你啊，我刚才已经把工资都捐出去了。红十字会的人还问我怎么还有几角几分，我告诉他那是我一个月的工资，一分不剩！”“地震后仅仅一周时间，我和他的心越靠越近，至少是一对恋人半年才能达到的默契、信任和欣赏。”“当一个男人能将陌生人的痛苦当成自己的痛苦时，他怎会不和他的妻子风雨同舟呢！我给他发短信：人字的结构就是相互支撑，我想我已经找到了那个支撑点。”

相信很多人看到媒体上的这个报道，都会赞同这两位女士的做法和想法。那两个对灾区同胞表现得如此漠然如此没有爱心的男人，确实不值得人爱。这样的人在平常的日子里，他的周到细致、款款温情倒是很容易让人心生感动，甚至会觉得他是一个挺不错的人。但是，一旦国家有难，人类有灾，需要他亮出大爱的时候了，他的那种自私的劣根性就会暴露无遗，他的言行举止就会显得与其他心中有大爱的人格格不入！

心中有大爱的人才会拥有真正的魅力，才会拥有持久稳固的爱。

人的可爱也值钱

“有一对再婚夫妻，相处了十年，关系一直很好。没想到，在女方女儿结婚的时候，那个男的，只送了500元作为贺礼。女方气坏了，立刻提出离婚。所以啊，再婚的感情，是非常脆弱的，脆弱就脆弱在双方都对金钱很敏感，都喜欢通过金钱的付出来衡量感情的轻与重。也就是说，再婚的人，太喜欢把心思放在掂量人的经济付出上。这也是我在这个问题上一直比较谨慎的原因。”有个离婚后一直处在单身状态的朋友，给我发来这样一封邮件。

我回复说：“据我所知，再婚女人能找到一个可以相处十年且关系一直很好的男人，那是非常不容易的，说明那个男人一定有许多让她觉得可爱的地方，那很多可爱的地方难道就不值钱？我要是那女的，就偷偷地拿点钱垫在里面，面子也顾了，可爱的人也可以继续可爱。我们的社会只喜欢把钱换算成人的可爱，而从来不喜欢把人的可爱换算成钱。”

“哈哈，你说得有道理。我们的社会，真的是只喜欢把钱换算成人的可爱，而从来不喜欢把人的可爱换算成钱，这导致很多有钱的人其精神品位非常低俗，他们只会用炫富的方式来显示自己的存在，而不会用文明的方式来让人心悦诚服地接受他们。在现今这个时代，我认为人的可爱与否，就表现了他的文明程度如何，而一个人的文明程度是要靠长时间积累沉淀的，为什么那么多的女孩子掏心掏肝地要找个有钱人，但找了个有钱人却又不幸福？就是在中国目前这种赚钱环境下，许多赚了钱的人，根本没有文明程度的积累，根本不可爱。”呵，朋友的回复居然如此有见识：把人的可爱与人的文明程度紧密联系了起来。

文明的本质是在规则内行事，是在规则内表现自己的能力，取得自己的利益，赢得他人的理解、尊重与喜爱。为了不断增强在规则内行事的能力，文明人更看重对知识的积累和修养的积累，即对软实力的积累。这样的积累，当然不如那些直接逾规越矩地去积累金钱来得快，他们在金钱的出手上，恐怕也要显得小气。但这样的人是可长期与之相处的啊，是值得信赖的啊。

有“缺口”的婚姻也得好好过

我们家有个很有纪念意义的缺口碗。

结婚之后，我和妻子另起炉灶，过起了自己做饭自己吃的小家庭生活。开始，妻子是自己做饭自己洗碗，可是等有了孩子，她的事情多了，她就要求我来买菜洗碗了。而我是个一有时间就恨不得扑在桌子上多写点诗文的人，对待做这些特别烦人的“婆婆妈妈的事”，甭提多厌烦了。

我也只能耐着性子做。我认为我能耐着性子做就不错了。可是有一次，在我洗碗的时候，妻子竟然嫌我洗得不干净，放的也不是地方，并责备我做事不像个做事的样儿。我本来就不高兴，见她这样说，就跟她吵了起来，吵到气头上，我也就顺势把手里的碗往地上一摔。

这可是我第一次摔东西，还好碗并没有被摔破，它在地上打了几个滚，仅仅只是缺了一个小口，我们仍然用它吃饭。

有一次岳母来玩，吃饭时见到这个碗，就笑着说：“好好一个碗，怎么给碰缺了？”她把目光落到我们两岁多的女儿身上。

“是爸爸摔缺的。”女儿急忙为自己分辩。

我和妻子都笑了，此后我们常拿这事开玩笑。我们还故意冤枉是女儿把碗碰缺的，女儿便急得什么似的为自己分辩，并且用童稚的语言描绘出我们当时吵架的情景，我们便哈哈大笑。

这是怎么回事？曾经是气得发抖的事情，怎么变得如此可乐可笑。同样是一个碗，怎么有了缺口之后反而让人觉得更加有趣？更有意味？

这事一晃过去二十多年了，那个有缺口的碗仍然被我们保存着。这件事让我体会到，十全十美的婚姻和十全十美的人生固然可贵，稍有缺憾的婚姻和人生同样也可以过得有滋有味，值得珍惜。

当然，现在我不仅能把碗洗得非常干净，而且还能烧得一手好菜，我这个“大男人”让妻子更满意了。

女人的“评委”是男人

女人几乎一出门就会遇见评委，因此女人们出门前，总要站在镜子前不厌其烦地修饰自己。一根头发不在理想的位置上都不行。衣服的颜色一点不协调都要重换，真好像是赶考似的。

真的，几乎所有的男人，都喜欢给女人打分，当面不打背后打，口里不打心里打。也正因为如此，不选美的校园里有了“校花”，不选美的工厂里有了“厂花”，不选美的军营里有了“军花”，不选美的警察们也有了“警花”，而且这花那花选得都很准，都能得到“公认”。

男人们在别的方面十有八九是英雄所见不同，而在给女人当“评委”上，往往是不谋而合、不约而同的。

你说这是男人们的无聊吗？但男人们偏偏就喜欢当这种“无聊的评委”，没人请也要当，没有酬劳也要当。

男人给女人当“评委”，当然首先要看人家的脸蛋儿长得如何。脸蛋上难分高低的，就要看身材；身材上也难分高低的，就要看气质、看修养。也就是说，要“综合打分”。层次越高的“评委”，越是注重女人的“总体形象”，越是迷恋于女人的综合魅力。

随着时代的发展，男人评委也越来越苛刻了：光脸蛋儿生得迷人还不行，还要身体健康，身材健美；光面容美还不行，还要腿美、手美、臀美；光会说还不行，还要幽默、风趣；光会用新潮服装金银首饰打扮自己还不行，还要用新思维、新观念、新知识“打扮”自己。可见，女人稍不留意就会丢分。

结果就使得女人们越变越靓，越变越高雅，越变越风流。

这就使得连我所在的这个内地城市里美女如云，这就使得出类拔萃的女人层出不穷且大出风头。如此一来，就使越来越多的男人——女人的“评委”，反而相形见绌了，自惭形秽了，反而在许多场合控制不住局面了。

于是，许多男人——女人的“评委”，就有了危机感，有的就已经陷入了危机，已经在“危机”面前碰得焦头烂额。连我的妻子都发出“我才不以你为中心哩”的豪言壮语，或者说是警告？而我竟然也毫无办法。

我便想跟我的“评委”同行们提个醒：伙计们，别光忙着给女人打分，而忘了让自己上档次呀！别评来评去，反倒把自己做男人的资格评丢了！

爱的真味

读一本书，发现里面几乎每一个故事，都连着这个世界的苦根。是爱的苦根，因为那都是关于爱的故事。那本书的作者是徐慧芬，书名就叫《爱的阅读》。

徐慧芬住在大上海，写的却全是小小说。不，那些小小说一点也不给人“小”的感觉，因为每一篇，读过之后都叫人感到很重很重。

因为爱，娶了现在的妻子却忘不了初恋的情人；因为爱，嫁给现在的丈夫却又遇到更优秀也更爱自己的男人，只能远走高飞；因为爱，要对得起身边的妻子，就不得不伤害背后偷情的女子；为了爱，抚养大了丈夫留下的孩子，自己却强吞下数不尽的孤独；为了爱，供自己的亲弟弟读完了大学，弟弟却发现自己做了给他丢脸的事，于是不得去临崖一跳；为了爱，说了一生善意的假话，到头来却失去了所有的亲情；为了爱，与一名老外生了一个没有合法身份的孩子，结果却让自己的心头肉受尽歧视……

徐慧芬的那些故事都是凭空编造出来的吗？是她心灵的深潭里悄悄地聚满了爱的苦涩吗？我分明感觉到，那些爱的故事都是从我们身边的现实生活的土壤里长出来的，都是睁眼可见伸手可触的，就像一株株形态各异的植物，不论它们开放的花朵是多么的鲜艳而迷人，不论它们结出的果子是多么的美观而甜美，你如果把它们的根拔出来，咬一点根上的皮尝一尝，十有八九都是那么苦、那么涩。

不知道这是不是爱的真味？不知道爱的真味是不是都深藏在地底下的根里面？

为什么这个世界的苦根总是那么多，而甜根总是那么少？那些苦根的苦味是来自于包含着各种基因的种子，还是来自于包含着各种营养的土壤？

或许只有作家才会那样把许许多多的爱的苦根从土里翻出来，把它们的苦滋味写出来，以使我们更加懂得爱更珍惜爱。而我们普通人，只顾着承接爱的阳光、抵挡爱的风雨、编织爱的花朵、孕育爱的果实、履行爱的责任。或许爱的真味不仅在根里面，而且也在枝里面、在叶里面、在花里面、在果实里面、在对爱的无法言说的感受里面。是这样吗？

或许我们只能说，爱是不能没有根的，根是离不开大地的，不论爱的根怎么苦，爱的枝叶都是那样含情脉脉，爱的花朵都是那样笑脸相迎，爱的果实都是那样一天天从苦涩走向甜蜜。

徐慧芬的这些小小说，真是意味深长啊！

最成功的爱

在武汉，因为一条微博的出现，一位一直默默无闻的摆摊老人忽然间打动了成千上万的人。

这条微博是这样的：“汉口南京路车站（往大智路方向的车站）总有一个老婆婆在卖零食。她动作很慢，因为年纪太大连钱都算不清楚的样子。她卖的食物没几个人买，东西都快煮到烂了，我见到她时已是夜晚快9点了，非常冷，婆婆已经困得在旁边睡着了，衣服还不如我厚。我每次只拿一点东西，多给她点钱，说赶车不找了。请帮帮她！”

武汉晚报在刊登这条微博前，专门派一名记者去进行了采访。婆婆告诉记者，她叫刘四妮，河南漯河人，来武汉四十多年，老伴七年前在武汉去世，她不打算回老家。‘我落叶归根了，他一个人在这陌生的地方，没个伴儿难得过。’老人说，四十年来，无论寒冬酷暑，她都是守着这个小摊度过，而且不挪地方。生意好时，她每月能赚三四百元，交200元房租，剩下的做生活费。儿子年近六十，在当门卫，生活也窘迫，她不想给儿子增加负担。”

“怕过世的老伴‘孤单’不忍独自还乡，恐六旬的儿子窘迫不忍增加负担”，武汉晚报在刊登这条微博时，用了这样一个引题。竟然怕过世的老伴孤单！竟然认为人死了如果没有心爱的人在跟前陪着，他会“难得过”！这种宁愿落叶不归根也要陪着过世的老伴的情怀，打动了包括我在内的一个又一个读者！

那天在报纸上看到这条消息，我久久地盯着记者为她拍的那张照片，觉得她的生命不仅是那么的深情、安详，而且也是那么的坚韧、顽强。想想看，如果她不是要用自己的活着来使自己过世的老伴不孤单，她会在条件如此简陋、生活如此艰辛的情况下，活得如此有勇气、有韧性、有担当吗？一个八十多岁的老人要靠自己付房租摆小摊活在一个大城市里，这得克服多少常人难以想象的困难！

但我觉得这个婆婆是幸运且幸福的。与他生活了一辈子的那个男人，居然死了也值得她陪，死了也活在她心里。在她看来，那个躺在黄土下面的他，也是有知觉有感觉的，也知道她是走远了还是没走远，而且她一旦走得远点他就会难过。所以，她的那个小摊，就一直摆在那个一摆就几十年的老地方。那个地方，一定是他生前知道的，甚至是跟她一起守过的。

她回到老家也能摆摊，也可以不给儿子增加负担，但她就是怕他不好受，就是为了能在跟前陪他而一步也不远离。嗯，我要是记者，我就会问她："你的那个他，为什么如此值得你陪呢？他这一生，到底对你付出了怎样的情怎样的爱，到底给你留下了怎样的让你永难磨灭因此才值得你永远痴情相守的故事呢？"

记者没有问，我也不可能问。但我却可以说，那个男人留给那个女人的爱，一定是人世间最成功的爱。我认为，人世间最成功的男女之爱，就是这种哪怕自己死了，死了很多年了，也足以支撑爱人克服重重困难、种种艰辛活下去，让爱人带着一腔无论如何也要陪伴自己的情怀，让那活着的生命每一天都能变得深情而安详、坚韧而顽强，让它在世人眼里看起来是那么的庄严而动人，甚至是那么的让人心生羡慕和妒忌！

看透"人生的顺序"

柏杨过八十岁生日的时候，主持人让张香华上台讲一讲，张香华是柏杨的第五任妻子。一向喜欢躲在丈夫背后的张香华，接过话筒，只是讲了几句自己最想讲的话就走下来了。没想到，她的讲话居然博得满堂喝彩声。更让她没想到的是，接下来的日子竟然有许许多多的人，包括一些素不相识的人，都通过不同方式向她致意，说她的话讲得太好了，太让人感动了。

那么，张香华当时到底讲了些什么呢？她的讲话大致是："……柏杨刚才在致谢辞中提到要谢谢他的妻子香华，我要补充一下。柏杨一生的遭遇太曲折坎坷了，事实上，每一个阶段都有不同的妻子陪伴他一起成长，我只不过是柏杨妻子们中的一个，而且也是今天唯一在场的一个。因为'前人种树'，才有今天我这个妻子的福分……"她就是如此据实地说话，才赢得了人们广泛赞扬的。

其实，人们赞扬的是她居然能够用超越世俗的眼光看待"前妻"，有着不遮前妻之美、不夺前妻之功的巨大胸怀！张香华怎么会有这样一种胸怀呢？这与她看问题的眼光有关。柏杨先后娶了五任妻子，张香华看到的，不是柏杨因此享受了多少艳福，而是柏杨因此经历了多少苦难。

刚跟柏杨结婚时，张香华以为自己只是柏杨的第三任妻子，后来才知道，她居然是第五任！得知此事后，她最先想到的是："悲莫悲兮生别离，柏杨的心如何承载这么多的悲苦？一次次骨肉分离，家人拆散，这是何等摧心肝、落泪水的事情啊！"她觉得身边的这个男人多么可怜，多么需要她来好好爱惜和呵护。那么，她又是怎么学会用这种眼光看问题的呢？

"有时朋友会问我，事后才发现柏杨原来有那么多老婆，当初却瞒着你，你会不会懊恼生气？我总是摇摇头，心里想：我已领悟到人生的顺序，在这件事上，根本没有懊恼生气的时间和空间。"她在跟朋友聊天时这样说。人生的顺序，她领悟到人生是有顺序的！是呀，在这个世界上，人与人的相遇、相爱、相离、相聚都是有顺序的。除了青梅竹马、两小无猜，一直生活在一起的人，其他人都是顺着一个个前男友前女友甚至还包括前夫前妻的顺序走过来的。你既然爱对方，你就得接受并尊重别人的这个顺序，你就不能要求别人超越时间与空间来爱你，你更不能指望别人在遇到你爱上你之前，在男女之爱上是一片干干净净的空白。

张香华的这个领悟多么宝贵，多么重要！是呀，看到人生的顺序，看到藏在人生顺序里的爱情的美丽与沧桑，看到藏在人生顺序里的人心的坚强与脆弱，看到藏在人生顺序里的灵魂的绚烂与苦难，看到藏在人生顺序里的生命的珍贵与短暂，我们的视野自然会变得开阔，我们的心胸自然会变得宽广，我们自然会带着一颗仁慈与宽容之心来爱自己的人生伴侣来爱这个世界。

有人陪，就不惨

美国一位有钱的老人去世了，她对财产的分配让世人颇感意外：她的大部分家人没能继承她的一分钱，而她的宠物狗却获得1200万美元。如此厚狗薄人，让被薄的人很难理解，却让与此无关的人陷入了深思。

这条宠物狗何以如此受宠呢？我想来想去，最后终于想明白了：人在最需要陪的时候，最可宝贵的就是陪在身边的东西——不论他是家人还是外人，不论他是一个人，还是一条狗。

要知道，陪伴这位老人度过最后八年时光的，基本上就是这条名叫“麻烦”的狗。

人老了是特别需要有人陪在身边的。对于一个老人来说，家人的情感，如果不用陪来体现，那它的价值就要大打折扣了，甚至可以小到忽略不计的地步。我想，那位美国老人那样做的目的，是想告诉活着的人们，对于一个人来说，“陪”的价值到底有多大。

我想起张学良因为西安事变，被蒋介石幽禁了数十年，却有那么多人羡慕他，羡慕他的身边一直有赵四小姐陪着。若不是有赵四小姐陪着，张学良可真的惨到极点了，他也未必熬得到重获自由的那一天。

人生的惨，很多情况下，不是你陷入到一种多么恶劣的境地，而是你陷入到那种境地之后身边没有一个陪你的人。反过来说，只要身边有人陪着，一个人混得再不如意，也会活得有滋有味，有模有样，心里也会有一团经久不熄的温暖，有一种带着淡淡的微笑慢慢咀嚼苦难的力量。

一个人在任何条件下都会去陪另一个人，不仅需要深厚的感情作支撑，而且还需要以默默牺牲作代价。那种牺牲虽不能以金钱来计算，却可以用金钱来表示。

在我们国家，有个老人去世之前，特意到公证处对自己的遗嘱进行公证：他的那套价值40万元的房子，由晚年陪他的保姆继承，与他的几个孩子无关。自己的孩子，该是自己最亲的骨肉吧？但是在需要人陪的时候他们不在身边，那种最亲的亲人的情感价值，很轻易地就被一个陪伴自己的保姆的情感价值所打败。

这世上有一种情感，有时候注定要超过所有别的情感，这种情义就是陪伴之情。

有一次，路过一家“幸福院”，几位老人正在门口晒太阳。望着不远处一位美丽的少妇正在牵着宠物狗遛弯，一位老人笑着说：“跟人家那个姑娘比起来，我们是不是活得有些惨？人家可是不愁吃不愁喝，还可以不干活。”没想到，另一位老人却说：“可是她身边总没人陪着呀！要不，她干吗老是跟狗待在一块？我看呀，她活得可不如我们，我们好歹总是有人陪着的。”呵呵，有人陪，就不惨。

反过来说，那个有钱的美国老人，实际上活得挺惨——那么多年陪伴在她身边的，只有狗，没有人！